Kein Bullshit.

Markus Baumanns
Torsten Schumacher

Kein Bullshit.

Was Manager heute wirklich können müssen

MURMANN
MURMANN PUBLISHERS

Dieses Buch wurde klimaneutral produziert

Print CO2 kompensiert
Id-Nr. 1440416
www.bvdm-online.de

Bibliografische Information der Deutschen Nationalbibliothek
Die Deutsche Nationalbibliothek verzeichnet diese Publikation in der Deutschen Nationalbibliografie; detaillierte bibliografische Daten sind im Internet über http://dnb.d-nb.de abrufbar.

1. Auflage 2014

ISBN 978-3-86774-381-5

Lektorat: Peter Felixberger
Herstellung, Umschlaggestaltung, Layout und Satz: Murmann Verlag
Illustrationen: Florian Zietz, Hamburg
Druck und Bindung: fgb, freiburger graphische betriebe
Printed in Germany

INHALT

KAPITEL 2 ORIENTIERUNG GEBEN

KAPITEL 3 ORGANISIEREN

KAPITEL 5 ZUTRAUEN

KAPITEL 6 VERÄNDERN

Zur Einführung: Eine Bestandsaufnahme

Feurige Utopie?

Am Eingang begrüßt Sie eine künstlerische Installation, mit der Sie spielerisch das Produkt des Hauses erleben. Die Wartezeit wird zur Erlebniszeit. In hellen, nach oben hin offenen Sälen sehen Sie Arbeitsgruppen an Stehtischen, die konzentriert und vom Trubel um sie herum unbeeindruckt an gemeinsamen Projekten arbeiten. In größeren, voneinander getrennten Arbeitsbereichen stehen Schreibtische einander gegenüber. Lachen und Gemurmel erfüllen die Räume. Die Wände dienen als Schreibfläche. Bunte Post-it-Felder dehnen sich auf ihnen aus, die trotz ihrer Farbenvielfalt einer Ordnung zu folgen scheinen. Dazwischen Separees mit Stehtischen, an denen kleine Teams über einer Sache brüten. Eine schallgepufferte Kabine, in der jemand telefoniert. Ein verglaster Raum, in dem gerade mit einem Kunden eine Stehung stattfindet: Einige der Teilnehmer stehen und lehnen sich an den Tischen an, andere sitzen auf den Barhockern, einer lehnt an der Wand. Eine größere Fläche in der Mitte eines Stockwerks, auf der eine Gruppe von Mitarbeitern auf Sitzsäcken im Kreis mit Kaffeetassen versammelt ist und plaudert. Und ganz hinten in der Ecke ein Napping Room, vor dessen Eingang eine Uhr hängt, die anzeigt, dass der Schläfer noch etwa zehn Minuten die Liege belegt.

Über allen Sinneseindrücken liegt eine faszinierende Atmosphäre aus Offenheit, Neugier und Konzentration. Die Menschen, denen Sie be-

gegnen, schauen Sie offen und wach an, sie sind sichtbar neugierig und selbstbewusst. Hier entstehen neue Gedanken. Fortlaufend. Und in der Luft liegt etwas von Verbindlichkeit, eine Art Regelwerk, das alle, die Sie treffen, verinnerlicht zu haben scheinen. Sie können das nicht richtig fassen, aber Sie ahnen es. Sie haben das Gefühl, sich in einem lebendigen Organismus zu befinden, der nur so strotzt vor Kraft. Ein Organismus, der voller Überraschungen ist und trotzdem einer inneren Ordnung zu folgen scheint. Was ist das für ein Gebilde, fragen Sie sich. Wie funktioniert das? Ein Traum?
Schnitt.
Eine höfliche Empfangsdame empfängt Sie und bittet Sie, einen Moment Platz zu nehmen. Sie zücken Ihr Smartphone und erledigen noch schnell ein paar Mails, um die Wartezeit zu nutzen. Ihr Gastgeber führt Sie durch dunkle gerade Flure, von denen rechts und links Türen zu Einzel- oder Zweierbüros abgehen, die offen stehen und einen kurzen Blick auf Menschen zulassen, die schweigend vor ihren PCs sitzen und auf ihre Bildschirme starren. Die Türschilder sind mit Titeln und Hierarchiebezeichnungen bestückt. Vorbei geht es an geschlossenen Türen, hinter denen sich Konferenzräume befinden. Ein Raum ist offen, wohl eine Sitzungspause. Sie sehen eine Gruppe dunkler Anzugträger mit grauen Gesichtern, die vom langen Sitzen erschlafft sind, und mit schlechter Haltung; jeder starrt schweigend in sein Smartphone und tippt darauf herum. Ein mit Keksen und Kaffeekannen übersäter riesiger Konferenztisch, vor dem scheinbar bequeme Ledersessel stehen.
Die Wände sind akkurat mit schicken, im Firmenlogo gestalteten Plakaten bestückt. Sie lesen: »Unsere Werte: Vertrauen, Transparenz und Ergebnisorientierung.« »Unser Führungsleitbild: Wir kommunizieren zeitnah, offen und ehrlich. Wir bringen unsere Mitarbeiter zur Wirkung. Wir sind Vorbild.« Sie fühlen: austauschbares, nichtssagendes Geschwafel. Stolz berichtet Ihnen Ihr Gastgeber von dem gnadenlos ehrlichen 360-Grad-Feedback für seine Führungskräfte, das er gerade eingeführt hat. Vom Grading System, mit dem er die Leistung der Führungskräfte endlich objektiv messbar gemacht hat. Von

dem achtseitigen Fragebogen, den alle Mitarbeiter – »sogar die am Band« – alle sechs Monate ausfüllen, um differenziert zu sagen, wie sie sich fühlen. Von den zahlreichen HR-Tools, die das Unternehmen in den letzten Jahren eingeführt hat. »Denn«, so fügt der erfahrene Manager mit bedeutungsschwangerem Augenaufschlag hinzu, »unsere Mitarbeiter sind das wichtigste *Asset*, das wir haben.« Es folgen noch ein paar Plattitüden über die »*Ressource* Mitarbeiter«, »Führung ist alles« und so weiter und so fort. Sie denken daran, dass *Assets* in der Bilanz aktiviert und über die Jahre hinweg abgeschrieben werden. Und *Ressourcen* – klar, die werden verbraucht.

Ihr Gastgeber präsentiert Ihnen die neue Prozessorganisation, die alle Arbeitsabläufe nach einem standardisierten Verfahren dokumentiert. »Ein Team von drei Leuten hat über drei Jahre daran gearbeitet. Ausgedruckt wäre unser Prozesshandbuch 1000 Seiten dick«, berichtet er stolz. Dass kein Mensch in dieses Handbuch hineinschaut, es nach drei Monaten schon überholt ist, weil sich die ersten Abläufe verändert haben, davon sagt er nichts.

Zum Schluss Ihres Rundgangs erklärt Ihnen Ihr Gastgeber in entwaffnender Offenheit, dass er eines auch nicht verstehe: »Jetzt haben wir alles gemacht: Wir haben Schnittstellen bereinigt. Unser SAP-System samt CRM läuft ordentlich. Wir haben Tools eingeführt. Wir haben Unternehmenswerte erarbeitet und verkündet. Wir haben im Vorstand eine Strategie entwickelt. Und trotzdem stimmen die Zahlen nicht. Wir sind zu langsam, zu bürokratisch. Unsere letzte wirkliche Innovation liegt lange zurück. Unsere Mitarbeiter sind nicht unternehmerisch genug.«

Ernüchternde Realität

Willkommen in der Realität. So sieht es aus in unseren Unternehmen. Im besten Fall. Wir packen Menschen in Kästchen, versuchen Abläufe zu standardisieren, schreiben Prozesse mit dämlichen grafischen Darstellungen, die keiner zur Kenntnis nimmt, erfinden aufwendige Messverfahren und wundern uns, dass wir zu bürokratisch sind. Wir führen Matrixorganisationen ein und stellen fest, dass die nach innen gerichteten Organisationsdebatten von Einzelinteressen, Schuldzuweisungen und Grabenkriegen geprägt sind. Wir messen uns zu Tode mit immer kleinteiligeren Verfahren und Instrumenten, und wir sind erstaunt, dass die Kreativität auf der Strecke bleibt. Damit wir planbar und möglichst risikofrei Innovationen generieren, führen wir Innovationsabteilungen und -prozesse ein. Doch genau damit ersticken wir jede Innovation. In unserer Gier nach Sicherheit orientieren wir uns an Standards, folgen blind Zertifizierungen und normieren unsere Unternehmen bis zur Bewegungsunfähigkeit. Wir verkünden Unternehmenswerte, hängen sie in den Fluren auf und spüren dumpf, dass diese wolkigen Gebilde nicht das Papier wert sind, auf dem sie stehen. Wir beschäftigen uns mit großer Hingabe und gewaltigem Zeitaufwand mit uns selbst. Wir führen endlose Diskussionen um Zuständigkeiten, verbrennen Zeit in nutzlosen Meetings, richten den Fokus auf den eigenen Machterhalt und -ausbau und sind andererseits verblüfft, dass die Profitabilität nicht stimmt.

Es kommt hinzu, dass wir davon überzeugt sind, in einer immer komplexeren Zeit zu leben. Wir glauben, dass alles viel komplizierter sei als früher. Dass man gar nichts mehr vorhersagen könne, dass alles so unklar sei. Dass – und jetzt folgt eine Aneinanderreihung von unerträglichen Wortwolken – Digitalisierung, Globalisierung und andere »-ierungen« uns wie bei Goethes Zauberlehrling in eine Situation gestürzt hätten, die so unkontrollierbar sei, dass das Abendland bald untergehen würde.

Was für ein Bullshit! Als wenn die Zeit vor dem Web 2.0 für Zeitgenossen nicht komplex gewesen wäre oder weniger unvorhersagbar oder gar eindeutiger!

Die Ansicht, dass heute alles größer, komplizierter, schwieriger ist, ist Ausdruck einer Mischung aus Engstirnigkeit und Überheblichkeit.

Ein Mythos, mit dem wir in diesem Buch aufräumen werden.
Dennoch: Die Überforderung zahlreicher Führungskräfte ist vielfach belegt. In einer Führungsstudie der Stiftung Neue Verantwortung von 2012 haben intensive Interviews mit Unternehmensvorständen, Ministern und Leitern von gemeinnützigen Organisationen zwei wesentliche Erkenntnisse gebracht. Erstens: Durch steigende Komplexität nimmt der Druck auf Entscheidungen im Führungsalltag erheblich zu. Zweitens: »Wir sind völlig überfordert.« In jedem Interviewraum war es nach spätestens zwei Stunden mit Händen greifbar: die nackte Orientierungslosigkeit. Und das bei denjenigen, die in ihren Organisationen für Orientierung sorgen sollen! Darin liegt die eigentliche Dramatik der Situation. Und natürlich auch das: »Wir haben keine Zeit; der Tag braucht 48 Stunden, um diese Anforderungen zu bewältigen.« Keine Zeit haben. Dabei haben wir alle die gleiche Zeit zur Verfügung, es kommt nur darauf an, sie richtig einzusetzen. Wir kommen darauf zurück.

Drei Heilsbringer

Wie Ertrinkende im Meer der Ausweglosigkeit greifen wir nach jedem Strohhalm. Und natürlich sind die Heilsbringer zur Stelle. Sie haben viele Gestalten, mindestens drei.
So kommen uns als Erstes die Patentrezepte der aktuellen Managementliteratur gerade recht: »In drei Schritten zum Erfolg«, »Die 10 goldenen Regeln für Change Management«, »Erfolgsregeln im Management« – wie wohltuend klar. Scheinbar. Mit einfachen Botschaften und pseudowissenschaftlichen Untersuchungen lullen uns die Autoren – sogenannte Wissenschaftler, Berater, Experten – ein. Sie haben eine Anzahl von x Unternehmen über einen Zeitraum von y Jahren beobachtet und bringen daraus Erkenntnisse hervor, deren Abstraktionsgrad so hoch ist, dass sie alles und nichts bedeuten. Schon auf die Frage, wie sich der »Erfolg« der untersuchten Unternehmen bemisst, bleiben die Autoren eine differenzierte Antwort schuldig.

Deswegen helfen uns drei goldene Regeln und sechs Weisheiten nicht weiter bei der Führung von Unternehmen – auch nicht, wenn es über 25 000 Unternehmen sind, die ein Team 44 Jahre beobachtet hat, wie zuletzt zwei Manager einer internationalen Beratungsgesellschaft. Auch das ist Bullshit. Abhandlungen wie diese verkaufen ihre Leser für dumm. Jeder erfahrene Praktiker weiß, dass Rahmenbedingungen für unternehmerische Entscheidungen uneindeutiger sind und die Unternehmenswirklichkeit mit all ihren Unzulänglichkeiten, Reibungsverlusten und eingeprägten Verhaltensmustern komplizierter ist, als es uns diese neunmalklugen Ratschläge weismachen wollen.

Patentrezepte sind pseudowissenschaftlich legitimierte Gehirnverseuchung.

Ein weiterer Heilsbringer sind Vergleiche mit anderen Unternehmen in vermeintlich vergleichbarer Situation. »Benchmarking« heißt das im Managementdeutsch. Solche Vergleiche sollen das Gefühl geben, dass wir auf dem richtigen Weg sind. »Wenn die das auch so machen, wird es schon stimmen.« Oder: »Die machen das so und haben Erfolg. Das sollten wir auch so machen.« Auch hier: Bullshit. Denn für die vor mir liegende Entscheidung hilft mir das nicht. Im Gegenteil: Oftmals führen solche Vergleiche in die Irre. Im dringenden Wunsch nach schnellen und einfachen Antworten nehmen wir das Naheliegende als Eins-zu-eins-Blaupause. Wer von uns kennt nicht die endlosen Ausführungen von Beiräten und Aufsichtsräten aus vergangenen – natürlich stets erfolgreichen – Entscheidungssituationen und Projekten, die belegen sollen, warum dieser oder jener Weg, den das Unternehmen jetzt gehen will, aufgrund der eigenen Erfahrung nicht funktionieren kann; oder warum wir es jetzt genau so wieder machen müssen wie damals. Jeder im Raum hört respektvoll zu, fühlt aber insgeheim, dass die Situation, vor der wir jetzt stehen, die Branche, die Zeit und die Rahmenbedingungen ganz andere sind. Und: Wir haben alle Hände voll zu tun, zu erklären, warum dies oder jenes nicht verglichen werden kann, und sind am Ende so klug wie zuvor.

In der Unternehmenswirklichkeit sind Entscheidungen immer einzigartig. Es ist eine Entscheidung in einem einzigartigen Moment, unter einzigartigen Bedingungen und Konstellationen mit einer einzigartigen Fragestellung, die es genau so noch nicht gegeben hat. In einem Unternehmen mit einer einzigartigen Entwicklungsgeschichte. Mit Akteuren vor und hinter den Entscheidungen, die einzigartige Menschen mit ihrer einzigartigen persönlichen und beruflichen Entwicklung sind. Geld und Zeit für die Erstellung von Benchmarks sind rausgeschmissen.

Entscheidungen sind einzigartig. Immer.

Der dritte Heilsbringer ist der teuerste: große Beratungsgesellschaften. Wer kennt nicht das Gefühl, das sich einstellt, nachdem die Berater weg sind? Wie nach einem zerstörerischen Orkan ist der Boden übersät mit Trümmerteilen und Scherben, die bei jedem Schritt knirschen. Mühsam bahnt man sich einen Weg durch die Trümmer, die die Berater hinterlassen haben. Zu fünft waren die Juniorberater da, sechs Monate lang, vier Tage in der Woche. Sie haben sich im Kontrollraum eingeschlossen, immer mal wieder mit diesem und jenem gesprochen, um dann wie Kai aus der Kiste ihr Konzept in einer großen Abschlusspräsentation vor dem versammelten Vorstand zu präsentieren. Und dann geht sie los, die PowerPoint-Schlacht mit 80 Folien, von denen die ersten 20 die großen Erfolge der Beratungsgesellschaft bei anderen Unternehmen unterstreichen und mithin mehrfach erfolgreich erprobt wurden. »Hoffentlich hat das Backoffice daran gedacht, das richtige Kundenlogo einzusetzen«, denkt sich der Partner, der seit dem Vertragsabschluss mit dem Kunden das Haus zum ersten Mal wieder betritt. Dann folgen 30 Seiten Benchmarking, die der Berater so schon eins zu eins bei zahlreichen anderen Firmen einsetzen konnte. Auf den nächsten 25 Seiten folgt das Konzept dafür, wie die Strukturkosten am besten zu senken sind. In eingeübter Dramaturgie erklärt der Partner, dass das Einsparziel nach diesem Konzept sogar deutlich übertroffen wird: Statt der zwölf Millionen Euro könne das Unterneh-

men 18 Millionen Euro einsparen. Es müsse nur der Empfehlung folgen und in allen Bereichen 20 Prozent kürzen: Vertrieb, Marketing, Verwaltung und Produktion. Auf den letzten fünf Seiten folgt ein Feedback über den Zustand des Unternehmens aus der Feder der neunmalklugen Juniorberater, die im besten Fall drei Jahre dabei sind und natürlich noch nie, auch nicht ansatzweise, irgendeine Form von unternehmerischer Verantwortung hatten. Das Unternehmen sei »zu bürokratisch«, »zu innovationsfeindlich«, »die Schnittstellen in den Abläufen seien unklar«. »Daher empfehlen wir dringend eine Restrukturierung. Das Angebot dafür schicken wir gerne nächste Woche zu.«
Es ist ein reales Beispiel. Bullshit.

Was nun?

Wir spüren dumpf: Irgendetwas stimmt nicht in unseren Unternehmen. Und die Heilsbringer taugen auch nichts. Hier liegt nicht die Lösung. Aber wo liegt sie dann? Gibt es einen gangbaren Weg hin zu dem eingangs skizzierten Unternehmen? Oder bleibt es doch Utopie? Dies ist unsere Kernfrage:

Wie wird aus der unbeweglichen Bürokratie, die sich vorwiegend mit sich selbst beschäftigt, wieder ein lebendiger, vor Kraft strotzender Organismus?

Wir gehen dabei davon aus, dass das eingangs geschilderte Unternehmen realisierbar ist, in jeder Branche, (fast) egal bis zu welcher Größe des Unternehmens. Der Weg dorthin ist nicht einfach – so wenig, wie es simple Lösungen gibt –, aber machbar. Hierzu entfalten wir praxistaugliche Lösungswege.
Dieses Buch handelt nicht von einfachen Lösungen und eindeutigen Antworten, sondern von der Wirklichkeit. Es beschäftigt sich beim Herausarbeiten guter Unternehmensführung mit dem Ringen um die jeweils beste Lösung unter Abwägung der bestehenden Handlungs-

alternativen. Wir helfen Ihnen, die richtigen Fragen zu stellen, statt allgemeingültige Antworten vorzugeben. Wir ermutigen zum eigenständigen Urteil bei der Abwägung von Handlungsalternativen und geben Ihnen Handlungsgerüste für die Führung Ihrer Unternehmen beziehungsweise Verantwortungsbereiche an die Hand.
Unser Buch ist nach den sechs aus unserer Sicht wichtigsten Handlungsfeldern erfolgreicher Unternehmensführung gegliedert:

Entscheiden

Im ersten Teil zeigen wir auf, dass die gängigen Parameter, nach denen wir Entscheidungen treffen (wenn wir es überhaupt tun), in die Irre führen. Lassen Sie sich nicht leiten von den Zahlenfriedhöfen der Planungsorgien, den Prognosen sogenannter Experten oder nichtssagenden Benchmarking-Analysen. Es gibt nur einen legitimen Parameter für Ihre Entscheidungen.

Orientierung geben

Besonders anspruchsvoll sind Entscheidungen, die die mittel- bis langfristige Ausrichtung Ihres Unternehmens betreffen. Wo geht die Reise hin, wenn wir über den Tellerrand des Tagesgeschäfts hinausblicken? Der Durst nach dieser Art von Orientierung ist in den allermeisten Unternehmen mit Händen greifbar; vor allem bei den besonders leistungsbereiten und -fähigen Menschen in Ihrem Unternehmen – sie lechzen geradezu danach. Daher legen wir im zweiten Teil ein praxiserprobtes Gerüst vor, an dem Sie Ihre Entscheidungen spiegeln können.

Organisieren

Es stellt sich drittens die Frage, wie die Organisation beschaffen sein muss, damit sie Ihre geschäftlichen Ziele bestmöglich unterstützt. Wie gelingt Ihnen der Balanceakt zwischen Freiraum auf der einen und einem notwendigen Maß an Regeln und Leitplanken, die jede Organisation braucht, auf der anderen Seite? Wir entwickeln Vorschläge, wie zukunftsfähige Organisationsgestaltung aussieht. Dabei entsorgen wir das Organigramm. Es hat gute Dienste geleistet in einer Zeit, in der es primär darum ging, arbeitsteilige Massenprozesse effizient zu organisieren. Heute wirken sie wie ein einziger Anachronismus. An ihre Stelle setzen wir das »Dynamogramm«. Es ersetzt die starren hierarchieorientierten Organigramme mit den blödsinnigen Kästchen. Es ist Abbild eines lebendigen Organismus, der fortlaufend veränderungsfähig und -bereit ist.

Zusammenarbeiten

Dieser lebendige Organismus zieht seine Vitalität wesentlich aus der Qualität der Zusammenarbeit. Übergreifende Zusammenarbeit nach innen zu ermöglichen, gehört zu den wichtigsten Führungsaufgaben überhaupt. Was das Dynamogramm symbolhaft abbildet, zieht weitreichende Konsequenzen nach sich. Zusammenarbeit stärken heißt zunächst, die internen Monopole aufzulösen. Das heißt, dass Sie Ihre Abteilungen für Innovation und Qualitätsmanagement abschaffen. Überdies: Bewerten Sie die Leistung jedes Einzelnen – wenn sie überhaupt isoliert werden kann – primär danach, welche Beiträge derjenige zur Zusammenarbeit geleistet hat. Passen Sie die Ziele entsprechend an. Der wichtigste Hebel zur Stärkung der Zusammenarbeit liegt schließlich in einer Personalauswahl, die hierauf ihren Schwerpunkt legt. Wir werden aufzeigen, dass Sie hierfür die gängige Praxis der Personalauswahl auf den Kopf stellen müssen.

Zutrauen

Im fünften Teil geht es um die Menschen innerhalb der Organisation. Wir werden aufzeigen, wie schädlich die gängigen Motivationsanstrengungen, Belohnungsrituale und Schemata der Leistungsbewertung sind. Sie gehen, unterstützt durch eine Fülle schwachsinniger personalwirtschaftlicher Instrumente, vom Mitarbeiter als unmündigen Idioten aus, der nicht selbstverantwortlich zu handeln in der Lage ist. Wir sehen das entschieden anders. Allerdings: Kosmetik hilft nicht weiter. Wir müssen die gängige Führungspraxis radikal verändern. In diesem Teil wollen wir zeigen, wie das funktioniert. Wie Sie die Selbstverantwortung jedes Einzelnen in der Organisation stärken.

Verändern

Warum scheitern drei von vier Veränderungsvorhaben? Wir gehen im abschließenden Teil der wesentlichen Ursache hierfür auf den Grund und zeigen auf, wie es gelingt, eine Unternehmensorganisation als lebendigen Organismus zu gestalten: dauerhaft veränderungsbereit und -fähig, mit wachem Blick für das Machbare und gleichzeitig mit klarem Kurs.

Kapitel 1 | Entscheiden

1 | Entscheiden in Zeiten von Unsicherheit und Krisen, oder: Vom vergeblichen Versuch, die Zukunft beherrschen zu wollen

Die ersten 15 Jahre des 21. Jahrhunderts erleben wir als Phase latenter schwelender Krisen: globale Kapitalmarktkrise, europäische Staatsschuldenkrise, drohende Zahlungsunfähigkeit von Weltwirtschaftsmächten, Immobilien- und sonstige Blasen. Die Automatisierung von Entscheidungsvorgängen erweist sich als willkommener Helfer des schnellen Geldes, wie wir es etwa bei der Entscheidung über An- und Verkauf von Wertpapieren im Sekundentakt und in Milliardenhöhe erleben. Diese »Bastardökonomie«, wie sie Gabor Steingart nennt, beschleunigt Entwicklungen, bei denen wir uns immer mehr als hilfloser Beobachter fühlen, in dessen verhängnisvollen Verlauf wir nicht mehr eingreifen können. Das Gleichnis des Zauberlehrlings in Goethes *Faust*, der Geister, die wir riefen und die wir nicht mehr beherrschen können, scheint wahr zu werden.

Vor diesem Hintergrund begreifen Führungskräfte unsere Zeit unisono als komplexer als jemals zuvor und sich selbst als überfordert. Wir fühlen uns ausgeliefert. Unübersichtlichkeit und Unsicherheit sind groß. Entscheidungen zu treffen, scheint umso schwieriger. Unsicherheit allerorten. Die amerikanische Glücksforscherin Carol Graham belegt, dass dem Menschen nichts so viel Unglück bereitet wie eine ungewisse Zukunft. Ein Mensch, dem der Arm abgenommen wird, ist statistisch nach kurzer Zeit wieder so glücklich wie vor der Amputation. Ein Mensch, der in Unsicherheit leben muss, dass eine Amputation folgen könnte, verfällt nach kurzer Zeit in eine Depression.

Reflexhaft reagieren wir deshalb auf die Unsicherheit mit dem Verlangen, die Zukunft berechenbarer zu machen. Wir klammern uns an Expertenmeinungen und Prognosen – um dann erkennen zu müssen, dass Prognosen keine Aussagekraft und Bedeutung haben. Das gilt für Wahlprognosen ebenso wie für gesamtwirtschaftliche Prognosen. Jeder weiß, dass sie nur in halbwegs stabilem makroökonomischem Umfeld Aussagekraft haben. Sie berechnen – nomen est omen – nicht das Unberechenbare und unterstellen zum Beispiel, dass der Konsument oder Kunde am Markt ausschließlich rational agiert. Sie nutzen die Daten und Erfahrungen der Vergangenheit, um die Zukunft vorherzusagen. Wer glaubt etwa ernsthaft, dass die Frühjahrs- und Herbstgutachten der sogenannten »unabhängigen« Wirtschaftsinstitute nicht minutiös untereinander abgestimmt sind, bevor sie bedeutungsschwanger verkündet werden? Die Unabhängigkeit der Institute ist eine Suggestion, die verdeckt, dass die Experten genauso wie alle anderen auch im Dunkeln stochern. Die Feststellung, dass keiner der

Kaufen Sie sich einen Zufallsgenerator. Er ist wesentlich günstiger, als Prognosen in Auftrag zu geben.

sogenannten Experten die Wirtschafts- und Finanzkrise 2008/2009 vorhersagen konnte, mag frustrierend sein. Verwunderlich ist sie nicht. Philip Tetlock, Professor in Berkeley, hat seit 2003 insgesamt 82 000 Vorhersagen von knapp 300 Experten über einen Zeitraum von zehn Jahren ausgewertet. Das ernüchternde Resultat: Die Prognosen trafen kaum häufiger zu, als wenn man einen Zufallsgenerator befragt hätte. Als besonders schlechte Prognostiker erwiesen sich ausgerechnet die Experten mit der stärksten Medienaufmerksamkeit, insbesondere die Propheten des Untergangs. Es gilt das alte Wort des Ökonomen John Kenneth Galbraith: »Es gibt zwei Arten von Leuten,

die die Zukunft vorhersagen: Jene, die nichts wissen, und jene, die nicht wissen, dass sie nichts wissen.« Letztere sind die Experten.
Das Versagen der Wirtschaftswissenschaften und der Business Schools der letzten Jahrzehnte in der Ausbildung derjenigen, die die Kapitalmarktkrisen mit zu verantworten haben, hat dazu geführt, dass ganze Heerscharen von Lemmingen im Mainstream unterwegs sind.
Wie aber sollen wir in diesem Zustand von kollektiver Ratlosigkeit und Mitläufertum innerhalb unserer Unternehmen richtige Entscheidungen treffen? Auch in unseren Unternehmen reagieren wir reflexhaft auf Unsicherheit und suchen berechenbare Zukunft. Wir versuchen über Kennzahlen, Managementsysteme (was das allerdings genau sein soll, hat uns bis heute niemand erklären können), Qualitätskontrollen und Rückversicherungsmechanismen die Unternehmensentwicklung planbar und vorhersagbar zu machen. Sehen wir uns zwei besonders weitverbreitete Beispiele an.

Vom Wahnsinn der Planungsorgien

Jeden Herbst stehen Heerscharen von Controllern und Unternehmensplanern in den Startlöchern, um die Geschäftsentwicklung des nächsten Jahres nach allen Regeln der Kunst abzubilden. Die Spielregeln dieser scheinbaren Kunst lauten: je detaillierter und genauer, desto besser. Markttendenzen sowie Zahlen über Konsumentengewohnheiten und die eigene wirtschaftliche Entwicklung werden linear in die Zukunft extrapoliert. Es werden Zahlenkolonnen für jede Kosten- und Ertragsart erstellt; wahre Zahlenfriedhöfe entstehen. Mit den dazugehörigen Excel-Tabellen lassen sich Wände tapezieren. Die Folgewirkungen sind vorprogrammiert: Die Planungsorgie legt für Monate ganze Unternehmensbereiche lahm.
Mit steter Regelmäßigkeit stellt sich spätestens im zweiten Quartal des Folgejahres heraus, dass die Realität der Planung ein Schnippchen schlägt. Entsprechende Abweichungen von der Planung werden als Planungsfehler missverstanden und müssen dann aufwendig begründet

werden. Diese Rechtfertigungsrituale lähmen die Organisation zusätzlich. Und: Die Folge ist noch mehr Planung. Man muss nicht Friedrich August von Hayek gelesen haben, um zu erkennen, dass die zentralen Planungsorgien einer *Anmaßung von Wissen* gleichkommen, die im tatsächlichen Geschäftsverlauf schnell ad absurdum geführt werden. Planungsrituale gaukeln Scheingenauigkeiten oder Wunschdenken vor. Michael Jensen bringt es auf den Punkt:

»Die Budgetierung in Unternehmen ist ein Witz, und jeder weiß das. Sie kostet die Führungskräfte sehr viel Zeit und zwingt sie zu endlosen langweiligen Meetings und angespannten Verhandlungen. Die Führungskräfte werden dazu ermutigt, zu lügen und zu betrügen, indem sie Ziele bewusst unterschätzen und Ergebnisse aufblasen, und sie werden dafür bestraft, wenn sie die Wahrheit sagen.«

Die enormen Transaktionskosten der damit befassten riesigen Controlling-Apparate tauchen hingegen in keinem Zahlenwerk auf. Daher:

Schaffen Sie Ihre Planung ab.

Eine besonders bizarre Spielart dieses Wahnsinns sind die sogenannten Hockey-Stick-Planungen, mit denen wir uns die Zukunft schönmalen. Sie verdanken ihren Namen der Form eines Hockeyschlägers: Zunächst wird der Geschäftsverlauf relativ stabil geplant (Schlägerschaft) und dann, ganz am Ende des Geschäftsjahres, schießen die Ergebnisse durch die Decke (Schlägerkopf). Später also, in vielen Monaten von heute aus gesehen, wird alles binnen kürzester Zeit aufgeholt, was wir in dem knappen Jahr bis dahin nicht auf die Reihe bekommen haben. Jeder, der dieses Ritual schon einmal mitgemacht hat, weiß, dass diejenigen, die solche Beschäftigungstherapien verantworten, nicht mehr ernst genommen werden. Wer so vorgeht, macht sich lächerlich. Wer glaubt, seine Entscheidungen an Planungen aus-

richten zu können, ist auf dem Holzweg. So gibt das weitverbreitete Verständnis von Planung nicht nur keine Orientierung, sondern führt zur kompletten Verwirrung einer Organisation, die sich vorwiegend mit sich selbst beschäftigt.
Nun sind die Erkenntnisse um Grenzen und Fehlwirkungen solcher Planungsrituale keineswegs neu. Bereits Mitte des vorigen Jahrhunderts wiesen erste Stimmen in der Managementliteratur darauf hin. Seit Ende der 1990er-Jahre verfestigte sich die Unzufriedenheit mit der gängigen Planungspraxis dann derart, dass sich mit *Beyond Budgeting* eine Forschungsinitiative entwickelte, die im Kern die Scheingenauigkeiten der nach innen gerichteten, oben skizzierten Planungs- und Budgetierungspraxis zu überwinden versucht und Planung als marktorientiertes Führungsmodell versteht. Der *Beyond-Budgeting*-Ansatz basiert unter anderem auf folgenden Führungsprinzipien:

- Mit wenigen klaren Werten und Zielen führen, nicht mit detaillierten Regelwerken.
- Mitarbeitern selbstverantwortliches Denken zutrauen, Handlungsraum geben und auf Mikromanagement verzichten.
- Die zentralistische Organisationspyramide ersetzen durch ein schlankes Netzwerk aus ergebnisverantwortlichen Teams.
- Alles Wirken auf Kunden ausrichten.
- Transparenz ernst nehmen und daher den Zugang zu Informationen nicht hierarchisch begrenzen.

Sie halten das für wünschenswert, aber utopisch und nicht umsetzbar? Nun, um den Ansatz zu forcieren und Praxiserfahrungen auszutauschen, wurde im Jahr 1997 der *Beyond Budgeting Round Table* gegründet. Heute gehören dem Netzwerk mehr als 60 Unternehmen an – Konzerne, Familienunternehmen und Non-Profit-Organisationen in verschiedensten Ländern. Sehen wir uns eines der Unternehmensbeispiele an.

PLANUNG ABSCHAFFEN

Zu den ersten Unternehmen, die ihren Planungs- und Budgetierungswahnsinn auf den Kopf gestellt haben, gehört die Svenska Handelsbanken. Das 1871 gegründete schwedische Kreditinstitut gehört zu den größten Universalbanken in Nordeuropa. Sein Selbstverständnis beschreibt das Unternehmen wie folgt: »Unser oberstes Ziel ist es, mehr zufriedene Kunden als der Durchschnitt unserer Mitbewerber zu haben. Mit Blick auf dieses Ziel verschwenden wir keine Zeit damit, Budgets zu erstellen oder zentral gesteuerte Produktkampagnen durchzuführen. Unsere ganze Aufmerksamkeit gilt unseren Kunden und dem Wachstum ihrer Geschäfte.«

Von der Absurdität der Risikomanagementsysteme

Zweites Beispiel: Ein immer ausgeklügelteres Risikomanagementsystem soll unternehmerische Entscheidungen in kontrollierbare Bahnen lenken. Dahinter verbirgt sich ausgeprägtes Misstrauen: »Lieber Mitarbeiter, ich traue dir nicht zu, dass du die einer unternehmerischen Entscheidung innewohnenden Risiken erkennst und angemessen bewertest.« Ein System soll die Entscheidung des Einzelnen ersetzen, Fehler verhindern und Risiken ausschalten. Der entmündigte Mitarbeiter tut, wie ihm geheißen: Er konzentriert sich darauf, jedes Kästchen des 30-seitigen Dokuments sorgfältig auszufüllen. Eine neu geschaffene Abteilung Risikomanagement beschäftigt sich dann mit der Auswertung der Bögen, fertigt nutzlose Statistiken an und berichtet dem Controlling. So werden Entscheidungen an Excel-Tabellen ausgelagert und wird Verantwortung an »Systeme« wegdelegiert. Diese Beobachtung mutet besonders kurios an, weil dasselbe Management, das das neue Risikomanagementsystem eingeführt hat, sich andererseits über mangelndes »Unternehmertum« bei Mitarbeitern und Führungskräften beklagt. Und obendrein wundert sich die Führungsetage, dass seit Einführung des neuen Risikomanagements Entscheidungsprozesse langsamer werden, die Flexibilität eingeschränkt ist und keine Innovationen mehr entstehen. Wohlgemerkt: Wir plädieren nicht dafür, grundsätzlich keine Risikobewertung durchzuführen. Es ist nur ein Unterschied, ob Sie Ihren Führungskräften ein grobes Gerüst mit Anhaltspunkten für eine angemessene Risikobewertung an die Hand geben und darüber eine regelmäßige Berichterstattung erbitten, oder ob Sie ein bürokratisches Monster einführen, das unternehmerischen Freiraum erstickt.

Die Praxis des Risikomanagements unterwandert Initiative und Innovation.

Auf diese Weise opfern wir die Flexibilität, Innovationskraft und Geschwindigkeit unserer Organisationen auf dem Altar der scheinbaren Plan- und Beherrschbarkeit der Zukunft. Leider ist dieser Irrglaube weitverbreitet, auch über unsere Unternehmen hinaus: So wird es auf den Kapitalmärkten auch nicht gelingen, den von der Realwirtschaft entkoppelten Spekulationsblasen durch immer weitere Regulierungen entgegenzuwirken. Das Gegenteil ist der Fall. Mit Regulierungen behandeln wir nicht nur Symptome, sondern fördern Umgehungen, erzeugen neue Suchen nach »Lücken im System« und verstärken damit die Wirkung der Phänomene, die die Regulierungen angestoßen haben. Denn: Regulierungsbemühungen werden niemals so schnell und effizient sein wie die Fähigkeit von Anlegern, diese zu umgehen.

Unsere Anstrengungen, die Zukunft »sichern« zu wollen, sind hilflose Bemühungen um Lösungen für etwas Unauflösbares – in den Unternehmen genauso wie auf gesamtwirtschaftlicher Ebene. Wie kann man etwas »sichern« wollen, was naturgemäß unsicher ist?

Zukunft ist per se unsicher. Und das ist auch gut so.

Zwei fundamentale Umbrüche

Die Unsicherheit, die wir zurzeit als Dauerkrise wahrnehmen, ist Teil eines ganz natürlichen Prozesses des Werdens und Vergehens von Businessmodellen und Lebensumständen. Wir erleben parallel gleich zwei fundamentale Umbrüche.

Erstens führt die Digitalisierung aller Lebensbereiche durch das Web 2.0 zu einem völlig veränderten Kommunikationsverhalten und einer Zunahme der Geschwindigkeit aller Prozesse und Entwicklungen. Einschränkend: Die Zunahme an Geschwindigkeit, die uns derzeit so überfordert, ist bei Weitem nicht so hoch wie diejenige, die Europa am Ende des 19. Jahrhunderts erlebte. Als der transatlantische Telegraf 1866 zu ticken begann, verkürzte sich zum Beispiel die Reise einer Nachricht von London nach New York von etwa 14 Tagen per Schiff auf fünf Minuten – 4000-mal schneller. Dagegen lief der Sprung vom Telegramm zum Fax und von diesem zur E-Mail in Zeitraffer ab. Die Einführung des Dampfschifffahrtsverkehrs, die der Eisenbahn oder die des Frachtflugzeugs verursachten viel stärkere Entwicklungsschübe, als wir das heute subjektiv für unsere Zeit wahrnehmen.

Dennoch: Die Dimension des Umbruchs durch das Web 2.0 ist nur vergleichbar mit der Einführung des Buchdrucks am Ende des 15. Jahrhunderts und dessen Spätfolgen: Bis zur Verbreitung des Buchdrucks waren Wissen und Kommunikation in der Hand der Kirche, deren Monopolstellung in Politik und Gesellschaft darauf beruhte. Die Amtskirche legte fest, was Wahrheit war und was nicht, und hatte damit eine »globale« Machtstellung, die sie nur mit der weltlichen Macht des Kaisertums zu teilen hatte. Nach Einführung des Buchdrucks wurde Wissen zunehmend verbreitet; der Grad derjenigen, die des Lesens und Schreibens mächtig waren, nahm zu und damit die Zweifel an der allein gültigen Lehre der Kirche. Die Reformation, die Französische Revolution als Geburtsstunde der modernen Demokratie und die naturwissenschaftlichen und medizinischen Erkenntnisse seit dem 16. Jahrhundert sind ohne die Verbreitung der ursprünglich aus China kommenden beweglichen und damit vervielfältigbaren Lettern nicht denkbar. Diese Umbruchzeit hat 250 Jahre gedauert. Die Auflösung von Zeit und Raum durch die Digitalisierung stellt eine ähnlich tief greifende Zäsur dar, brauchte jedoch nur etwa ein Zehntel der Zeit. Der zweite Umbruch betrifft unsere Produktionsprozesse, die sich in drei Schritten entwickelt haben. Bis ins 19. Jahrhundert hinein gab es Manufakturen, die, wie der Name sagt, ihre Produkte per Hand herstellten. Der Gebäckfabrikant Hermann Bahlsen war der Erste, der 1905, acht Jahre vor Henry Ford in der Automobilmontage, Massenproduktion als Prozess der Arbeitsteilung am Fließband organisierte. Seit den 1960er-Jahren des 20. Jahrhunderts lösten Roboter die mechanischen Arbeiten am Band ab; Software ersetzte die Hardware Mensch. Seit Beginn des 21. Jahrhunderts werden auch komplexe kognitive Prozesse zunehmend durch Computerprogramme ersetzt. »Erfahrung, Wissen und Intuition werden durch Software nachgebildet, Statistiken, Optimierungs- und Wahrscheinlichkeitsrechnungen ersetzen die oft eher unscharf begründeten, einfach zu beeinflussenden Entscheidungen des Menschen«, stellen Constanze Kurz und Frank Rieger in ihrem Buch *Arbeitsfrei* fest.

Krisen sind gut

Krisenzeiten sind Umbruch- und Aufbruchzeiten. In genau einer solchen Zeit leben wir und steuern wir unsere Unternehmen. Statt dem Untergang des Abendlandes oder dem Scheitern des Kapitalismus das Wort zu reden, sollten wir die derzeitigen Umwälzungen als Zeichen einer gesunden Neuorientierung verstehen. Solchen Unternehmen und Organisationen gehört die Zukunft, die Herausforderungen annehmen, im Wettstreit nach besseren Lösungen suchen, Irrtümer eingestehen und korrigieren und sich nie auf dem Erreichten ausruhen. Krisen und Unsicherheiten sind für den Erhalt der Wettbewerbsfähigkeit notwendig. Schon im Ursprung des Wortes, dem altgriechischen »crisis«, steckt eine doppelte Bedeutung: Trennung und Streit sowie die Entscheidung, die einen Konflikt beendet. Die zwei Elemente, aus dem das chinesische Schriftzeichen für Krise besteht, bilden die Worte Gefahr und Gelegenheit. In einem Wort:

Krisen und Unsicherheiten sind notwendige, weil produktive und vorwärtsgewandte Zeiten.

In Zeiten gefühlter Unsicherheit neigen viele Chefetagen zu angsthaften Reaktionen. Nick Bloom, Stephen Bond und John van Reenen konnten nachweisen, dass tief greifende Krisen wie die Ölkrise 1973 und der 11. September 2001 und damit einhergehende Nachfrageeinbrüche das Investitionsverhalten amerikanischer Unternehmen trotz staatlicher Stimuli stark beeinflusst haben – im Sinne der übertriebenen Vorsicht. Noch zehn Jahre später sind die Effekte aus diesem Verhalten spürbar. Diese Angst ist Ausdruck der Unsicherheit, in der die Leitungen von Unternehmen gefangen sind. Dabei erwarten wir gerade von ihnen in diesen Zeiten richtunggebende Antworten. In Zeiten gefühlter Unsicherheit brauchen wir an der Spitze von Unternehmen Führungspersönlichkeiten, die verinnerlicht haben, dass in Krisenzeiten Neues und Gutes entsteht, bislang Undenkbares gedacht und Unlösbares gelöst werden kann. Wir leben wieder in Zeiten, in denen vorwärtsgerichtete Investitionen beste Aussicht auf längerfristigen Ertrag haben.

2 | Entscheiden! Aber wie?

Erfolgreiche Führungspersönlichkeiten in Zeiten gefühlter Unsicherheit sind keine Verwalter. Sie sind in den seltensten Fällen Technokraten oder Fachleute. Gute Fachkräfte sinnen und trachten danach, Perfektion in einer Einzelfrage zu erzielen. Sie tüfteln so lange, bis sie alle Fehler in einem Einzelproblem erkannt und behoben haben, und sei die Einzelfrage noch so kompliziert. Diesem Streben nach Perfektion verdankt gerade die deutsche Ingenieurskunst ihre starke Stellung in der Weltwirtschaft. Gute Führungspersönlichkeiten haben mit einer Vielzahl einander widersprechender Problemlagen auf ganz unterschiedlichen Ebenen zu tun. Sie wissen, dass es keine perfekten Entscheidungen gibt, sondern nur die Abwägung zwischen besser und schlechter. Sie wissen, dass gerade in Zeiten gefühlter Unsicherheit Irrtümer einzugestehen, sich zu korrigieren und alles infrage zu stellen beste Voraussetzungen für das Meistern der Zukunft sind. Zeiten gefühlter Unsicherheit sind Zeiten für Führungspersönlichkeiten, deren ausgeprägtes Selbstvertrauen sich nicht auf der Haltung gründet: »Ich weiß alles«, sondern auf der Haltung: »Ich habe den Mut, Entscheidungen zu treffen, obwohl ich deren Auswirkungen nicht bis ins letzte Detail ermessen kann.«

Entscheidungen in Zeiten gefühlter Unsicherheit treffen wir nicht zwischen richtig und falsch, sondern wir wägen ab zwischen zielführenden Maßnahmen oder Maßnahmen, die uns auf Ab- oder Umwege bringen. »Jede Führungskraft weiß um die Dilemmata, aus denen es keinen gesicherten Ausweg gibt: Zentral oder dezentral organisieren? Global oder lokal? Freie Handelsvertreter oder angestellter Außendienst? … Fusionieren oder aus eigener Kraft wachsen?« Reinhard Sprenger sieht in der Schwierigkeit, gute Entscheidungen zu treffen, die Existenzberechtigung von Management: Eben gerade *weil* es Zielkonflikte gebe, legitimiert sich überhaupt Management. Die Kunst der Entscheidung liegt in der richtigen Balance zwischen dem Eingehen von Risiken und dem Abschätzen von deren Folgen, zwischen dem in einer bestimmten Entwicklungsphase des Unternehmens Machbaren und dem Wünschenswerten.

Überragend wichtig: Abwägungen unter Unsicherheit in unsicheren Zeiten treffen.

Entscheidung bedeutet im ursprünglichen Sinne des Wortes (lateinisch »secare« = schneiden) das Entscheiden zwischen dem einen und dem anderen. Beides gleichzeitig gibt es ebenso wenig wie Entscheidungen ohne einen Preis. Eine Selbstverständlichkeit? Mitnichten. Viele Führungskräfte tun sich nach unserer Beobachtung genau hiermit schwer: Sich nämlich zu trennen von dem, *wogegen* ich mich mit meiner Entscheidung automatisch ausgesprochen habe – als integralen Bestandteil meiner Entscheidung.

Wir erleben Unternehmen, die seit vielen Jahren genau deswegen nicht vorankommen, weil sie sich in den Widersprüchen zwischen Entscheidungen und ihren Konsequenzen verheddert haben. Oder weil sie das eine tun, ohne das andere zu lassen, also nicht entscheiden. Sehen wir uns hierzu ein weiteres Unternehmensbeispiel an.

FOKUSSIERUNG IM SORTIMENT

Ein starker Markenartikler im Bereich der Konsumgüterindustrie. Das Produktsortiment ist im Laufe von Jahrzehnten immer weiter angewachsen, darunter viele wenig profitable Produkte, von denen sich die Geschäftsführung nicht trennen kann – aus Angst, einen angestammten, aber zunehmend älter werdenden Kundenkreis zu verlieren. Die Folge: Die Produktion wird komplexer und teurer, der Verwaltungsaufwand größer. Die Marge schrumpft auf ein Prozent Nettoumsatzrendite. Für überlebensnotwendige Werbung gibt es keinen finanziellen Spielraum. Das Management entschließt sich, übrigens zum x-ten Mal, zu einer stärkeren Fokussierung und bestimmt mithilfe einer externen Beratung acht Produktsegmente, in denen Treiber für das Wachstum gebündelt werden sollen. Deckungsbeitragshürden für einzelne Produkte werden definiert. Werden diese nicht erreicht, soll das Produkt eingestellt und die dahinterliegende Produktionslinie geschlossen werden – bis hin zur Schließung von Produktionsstandorten. Vertrieb und Marketing sollen sich in ihren Aktivitäten in den kommenden Jahren auf die ausgewählten acht Produktsegmente konzentrieren. So weit, so gut.

Kaum hat das Beratungsunternehmen den Hof verlassen, fällt die Organisation wieder in alte Muster zurück. Zwar werden dieses

Mal nicht, wie so oft in der Vergangenheit, zusätzliche Segmente eingeführt. Aber von alten Produkten trennen kann sich das Management auch nicht. Weil es auf den kurzfristigen Verlust von Deckungsbeiträgen – und seien sie auch noch so klein – nicht verzichten will, werden diese in die acht Segmente hineingepackt. So werden die Produktsegmente zum Sammelbecken für 90 Prozent der Produkte, die es auch vorher gab. Die Folge: Die Produktionslinien werden nicht konzentriert, die wirtschaftliche Kraft für Innovationen und Werbung fehlt, das Unternehmen wird in Preisverhandlungen mit dem Handel immer erpressbarer. Der Teufelskreis wird zur Abwärtsspirale – aus Entscheidungsschwäche sowie mangelnder Stringenz und Konsequenz bei der Durchsetzung einmal getroffener Entscheidungen.

Nach diesen grundsätzlichen Überlegungen stellt sich die Frage, wie wir gute Entscheidungen treffen und wonach wir sie ausrichten.

Benchmarks als Parameter für Entscheidungen?

Wir haben eingangs bereits generell die Sinnhaftigkeit von Benchmarking – also den Vergleich zwischen Äpfeln und Birnen – infrage gestellt und führen den Gedanken hier fort:

Benchmarking ist als Parameter für unsere Entscheidungen gänzlich unbrauchbar.

Zunächst sollten wir realisieren, dass die Ergebnisse eines Benchmarkings schon deswegen irrelevant sind, weil in nahezu allen Fällen die Grundlagen für eine halbwegs belastbare und aussagekräftige Vergleichsanalyse fehlen. Wenn beispielsweise in Unternehmen A die Vertriebsgemeinkosten bei zwölf Prozent liegen und bei Unternehmen B

30 Prozent höher, kann Unternehmen B dennoch »schlanker« im Vertrieb aufgestellt sein und/oder eine deutliche bessere Vertriebsleistung aufweisen. Unterschiedliche Berechnungsmethoden, Ergebnisqualitäten, Leistungserstellungsprozesse, Abgrenzungen, strategische Ausrichtungen und vieles mehr machen derartige Vergleichsversuche sinnlos. Prüfen Sie folgenden Gedanken:

Die Erfolge anderer sind die Erfolge anderer.

Häufig werden Benchmarking-Untersuchungen angestoßen, um notwendige interne Veränderungen durchzusetzen. Die dargestellte Nichtvergleichbarkeit macht es den Veränderungsgegnern jedoch leicht, das Vorhaben zu torpedieren und mit allen möglichen und unmöglichen Einwürfen die besondere Situation des eigenen Unternehmens darzustellen. Am Ende wird der Status quo betoniert; es passiert das Gegenteil dessen, was eigentlich beabsichtigt war, nämlich scheinbar »objektive« Argumente für das Einläuten notwendiger Veränderungen zu sammeln.

Benchmarking unterwandert die Veränderungsfähigkeit Ihres Unternehmens.

Zudem können Benchmarking-Analysen nur auf Basis öffentlich zugänglicher Informationen durchgeführt werden. Dieser Umstand lässt deren Aussagekraft ebenso gegen null tendieren wie die Tatsache, dass Benchmarking nicht die individuelle Entwicklungsgeschichte des eigenen Unternehmens abbilden und daher keinen wirklichen Vergleich darstellen kann.
Die Transaktionskosten einer Benchmarking-Analyse (Kosten, die in keiner Kostenrechnung stehen) sind gewaltig. Sie fallen dadurch an, dass

- etliche Mitarbeiter damit beschäftigt sind, auseinanderzupflücken, an welchen (wenigen) Stellen die Benchmark vergleichbar ist und an welchen (vielen) gerade nicht;

- unzählige Abstimmungsrunden gedreht werden, bevor eine Entscheidung getroffen wird;
- diese Entscheidung beim ersten Gegenwind mit Verweis auf besonders wichtige Erkenntnisse aus der Benchmarking-Analyse wieder verworfen wird;
- der so über die Zeit entstehende Zickzackkurs die Mannschaft verunsichert;
- es unzählige Meetings gibt, in denen sich die Teilnehmer statt mit dem Kunden wieder nur mit der eigenen Organisation befassen.

Es wäre ein Leichtes, die Liste zu verlängern. Ihnen kommt das bekannt vor? Eben. Diese Transaktionskosten sind überall. Es ist bemerkenswert, wie viel Geld in den vergangenen Jahren in solche Projekte geflossen ist. In manchen Unternehmen fließt das Geld immer noch. Einer der zentralen Treiber solcher Projekte ist der ausgeprägte Wunsch der Unternehmensleitung nach Sicherheit, oft auch gegenüber den Aufsichtsgremien: »Seht her, die anderen sind auch nicht besser!« Sie ahnen, dass es sich um eine Scheinsicherheit handelt. Diese fällt schon dadurch wie ein Kartenhaus in sich zusammen, dass ein Aufsichtsratsmitglied – auch nicht eben intelligent, aber durchaus üblich – entgegnet: »Sie haben aber nicht das Unternehmen Y betrachtet. Da läuft es ganz anders.«

Wer sich ständig mit anderen vergleicht, wird vor allem eines: gleicher.

Daher: Benchmarking ist der schlechteste Parameter für Ihre Entscheidungen. Wenn unsere Überlegungen dazu führen, dass Sie zukünftig kritischer mit Benchmarking-Analysen und -Ergebnissen umgehen und weniger davon in Auftrag geben, hat es sich bereits gelohnt, dieses Buch zu schreiben.

Bauch- oder Kopfentscheidungen?

Da Entscheidungszusammenhänge als komplex und rational empfunden werden, hat derzeit eine Themenwelle Hochkonjunktur, die das Hohelied auf Bauchentscheidungen singt. Als Reaktion auf die jahrzehntelang gepredigte Welt der Ratio wird geradezu gebetsmühlenartig der Kraft der Intuition das Wort geredet. So stellt der niederländische Sozialpsychologe Ap Dijksterhuis in seinem 2010 erschienenen Buch *Das kluge Unbewusste* der Vernunft die Idee vom »unbewussten Denken« entgegen. Seine These: Durch langes Nachdenken erlangen besser verbalisierbare Argumente einen höheren Stellenwert, als sie tatsächlich haben. Der bewusste Verstand verzerre nur, was das Gehirn bereits korrekt beobachtet und überdacht habe. Eine Art »Autopilot«, so Wissenschaftsredakteur Gerald Traufetter, helfe dem Menschen intuitiv, die vielen anstehenden Entscheidungen zu bewältigen.

Der Nobelpreisträger für Wirtschaftswissenschaften und Wirtschaftspsychologe Daniel Kahneman hat sein Leben als Wissenschaftler in den Dienst der Erforschung von Entscheidungen gestellt. Was ist Intuition? Erzielen Bauchentscheidungen bessere Resultate als auf Fakten basierende Entschlüsse? Natürlich gibt es zu jeder Frage mindestens zwei gegensätzliche Antworten. Kahneman belegt in unzähligen empirischen Versuchen in den letzten Jahrzehnten, dass die besten langfristigen Ergebnisse auf einer Mischung aus Intuition – die Summe aller Erfahrungen – und Faktenwissen gründen. Dass Wissen allein nicht ausreicht, um gute Entscheidungen zu treffen, sehen wir daran, dass Wissen, etwa von Börsenentwicklungen, auch unter Einsatz aller nur denkbaren Objektivierungsinstrumente oft nur Scheinwissen ist. Zahlen, das wissen alle, die mit Unternehmensentscheidungen befasst sind, lassen sich so oder so darstellen – eben so, wie man es gerne hätte. Intuition, als Summe von Erfahrungen aus der Vergangenheit, und Bauchgefühl sind als Kompass für gute Entscheidungen unverzichtbar. Das Abgleichen mit den relevanten Fakten ist es allerdings ebenso. Kahneman gibt einen guten praktischen Tipp. Der Aufsichtsrat, der die letzte Entscheidung über den Kauf eines Unternehmens treffen muss, nach Abwägung aller verfügbaren und beigebrachten Informationen über das Kaufobjekt und die damit verbundenen Transaktionskosten für den Käufer, sollte einen entscheidenden Moment innehalten, und jedes Mitglied sollte für sich seine Gedanken zu folgendem Zukunftsszenario aufschreiben: »Wir sitzen hier in einem Jahr und stellen fest, der Kauf habe nicht das gewünschte Ergebnis erzielt oder gar große Probleme verursacht: Was sind die Gründe dafür, dass der Kauf eine falsche Entscheidung war? Dann lesen wir unsere Notizen vor und wägen noch einmal ab, für wie wahrscheinlich wir die dargestellten Szenarien halten, und treffen auf dieser Grundlage unsere Entscheidung.« Je größer die Unsicherheiten sind, unter denen Entscheidungen stehen: Es sind Intuition *und* Wissen, die im Zusammenspiel und in Reibung untereinander die besten Entscheidungen hervorbringen.

Der vermeintliche Widerspruch zwischen Kopf- und Bauchentscheidungen ist irreführend.

3 | Der einzig relevante Parameter für Entscheidungen: Ihr Kunde

Der Zweck Ihres Unternehmens

Was ist der Zweck Ihres Unternehmens? Viele Dutzend Mal haben wir diese Frage gestellt. In Seminaren, Workshops oder entlang der Zusammenarbeit mit Führungskräften. Die beiden häufigsten Antworten lauten: »nachhaltige Gewinne erwirtschaften« und »profitabel wachsen«. Dem liegt ein fundamentales Missverständnis zugrunde, das nach Auflösung schreit. Gewinn und Wachstum dürfen niemals Zweck oder Ziel Ihrer Geschäftstätigkeit sein – sie sind deren *Ergebnis*. Stattdessen:

Der einzige Zweck Ihres Unternehmens besteht darin, zufriedene Kunden zu haben.

In Erweiterung dieses Verständnisses besteht der Zweck Ihres Unternehmens darin, wettbewerbsfähige Produkte und Dienstleistungen anzubieten, die am Markt bestmöglich honoriert werden. Oder, stärker aus Sicht des Kunden gedacht und formuliert: Lösungen anzubieten. Und zwar nicht nur hin und wieder, sondern zuverlässig. Und nicht überteuert, sondern zu fairen und nachvollziehbaren Preisen.

Kundenlösungen

Nun fallen Kundenlösungen nicht vom Himmel. Die Aufgabe besteht zunächst darin, sich so tief wie möglich in das Kundenunternehmen hineinzuversetzen, die für die Zusammenarbeit relevanten Menschen und Abläufe zu kennen und damit ein gutes, mindestens solides Verständnis für das Geschäft des Kunden zu entwickeln. So lernen Sie die *Bedürfnisse* Ihrer Kunden kennen. Genauer: Sie lernen das kennen, was Ihr Kunde als Bedürfnis zu artikulieren in der Lage ist.
Dann der entscheidende, weitergehende Schritt: Ausgerüstet mit dieser soliden Wissensbasis laden Sie Ihren besten Kunden zu einem eineinhalbtägigen Workshop ein, in dem Sie gemeinsam unter anderem folgende Leitfragen reflektieren.

»Lieber Kunde:
- Welches Dogma erscheint in Ihrer Branche derart unerschütterlich, dass es nicht (mehr) infrage gestellt wird?
- Welche Unternehmen spielen – als Kunden, Lieferanten und Dienstleister – zukünftig in Ihrem Alltag eine Rolle?
- Welche Anforderungen haben diese heute und zukünftig?
- Welche Begleitung durch uns erwarten Sie? Wie sieht die Begleitung im Idealfall aus?«

Wir können aus eigener Anwendung dieser Vorgehensweise sicher sagen: Sie werden Ihre Kunden positiv überraschen. So, und nur so, entsteht echte, belastbare Bindung.

Im Rahmen des Workshops, der durch erfahrene Moderation begleitet werden sollte, bringen Sie die in Ihrem Unternehmen vorhandenen Erfahrungen aus anderen Unternehmen und Branchen ein. Hier wird deutlich: Wenn Sie die Erfahrungen, die Ihre Vertriebsmannschaft jeden Tag in der Interaktion in verschiedensten Kundenunternehmen macht, nicht systematisch, regelmäßig und vor allem mit einer Haltung der Offenheit austauschen, wird es nie zu Kundenlösungen kommen, die mehr sind als die Verwaltung des Status quo.
Die Ergebnisse dieser gemeinsamen Reflexion sind Ausgangspunkt für Ihre Key-Account-Manager, sie gemeinsam mit den Ansprechpartnern auf Kundenseite hinsichtlich der Geschäftstätigkeit des nächsten Jahres zu erörtern. Wir kommen hierauf im nächsten Kapitel zurück.
Sehen wir uns anhand eines Beispiels an, wie durch die oben genannten Fragen neue Kundenlösungen entstehen können.

NEUE KUNDENLÖSUNG

Stellen Sie sich für einen Moment vor, Sie sind Geschäftsführer einer Gesellschaft, die mehrere Privatkliniken betreibt. Sie führen nun einen Kundenworkshop durch, zu dem Sie neben ausgewählten Patienten eine Handvoll weiterer Persönlichkeiten einladen, die unterschiedliche Perspektiven in die Diskussion einbringen. Die Ergebnisse sind derart frappierend, dass Sie sich sofort an die Überarbeitung Ihres Geschäftsmodells machen und unter anderem folgende Änderungen einführen:

- Der behandelnde Arzt empfängt seine Kunden persönlich und erläutert den gesamten Ablauf. Die Kunden erhalten dadurch Klarheit darüber, was wann passiert und an welchen Stellen (überschaubare) Wartezeiten unvermeidlich sind.
- Auf die Frage während der Voruntersuchung »Wer macht die Anästhesie?« haben Sie früher geantwortet: »Das können wir

noch nicht sagen, die Dienstpläne werden immer erst am Behandlungstag erstellt.« Dieses nach innen gerichtete Denken soll endgültig der Vergangenheit angehören. Sie haben sich entschlossen, die Abläufe konsequent aus Kundensicht zu gestalten. Heute finden Sie es beschämend, dass auch Ihre Premiumkunden (Privatpatienten) früher so behandelt wurden.

- Die Aufenthaltsräume werden so eingerichtet, dass Ihre Kunden sich sofort wohlfühlen.
- Für das Gespräch nach dem Eingriff nimmt sich der Arzt die Zeit, die der Kunde (Patient) vorher definiert hat. Im Kundenworkshop hat sich nämlich bestätigt, dass es eine große Nachfrage nach ausführlichen Gesprächen gibt, in denen der Eingriff, dessen Verlauf und die nächsten Schritte erörtert werden. Und: Ein erheblicher Teil der Kunden ist selbstverständlich bereit, für diese Dienstleistung zu zahlen. So wird aus der gehetzten »Arztvisite« ein in Ruhe geführtes Kundengespräch.

Was ist hier passiert? Sie haben Ihre Kunden genau beobachtet, befragt und Maßnahmen aus den artikulierten Bedürfnissen abgeleitet. Sie haben aufmerksam zugehört, wie Ihre Kunden (Patienten) sich vehement darüber beklagen, wie schlimm die Ungewissheit über das bevorstehende Prozedere ist – zumal sich jeder, der ein Krankenhaus als Patient betritt, in einer emotionalen Extremsituation befindet.

Uns ist klar, dass dieses Vorgehen nicht die ärztliche Grundversorgung einer Gesellschaft abdecken kann. Das soll es auch nicht. Hier geht es beispielhaft um ein Kundensegment, das bereit und in der Lage ist, für eine bestimmte, in diesem Fall oft überlebenswichtige Dienstleistung einen guten Preis zu zahlen und dafür ein Recht auf eine entsprechend hochwertige Gegenleistung hat.

Wie es gut gehen kann, beweist das Dermatologikum in Hamburg, das sich als patientenzentrierte Einrichtung zur Behandlung von Haut-

erkrankungen mit hohem Forschungs- und Weiterbildungsanspruch versteht.
Herausragende Kundenlösungen brauchen nicht die eine Superidee, die die Welt noch nicht gesehen hat. Sie sind kein Steve Jobs, also versuchen Sie auch nicht, ihm nachzueifern. Beobachten Sie stattdessen Ihre Kunden genau und machen Sie die Annahmen, die einer Idee zugrunde liegen, explizit.

Wir tun gut daran, unsere Entscheidungen gemeinsam mit dem Kunden zu erarbeiten. Eine bessere Versicherung für die Zukunft gibt es nicht.

Kunden verändern Märkte

Was wir bisher in diesem Abschnitt gesagt haben: Der einzige Zweck Ihres Unternehmens besteht darin, zufriedene Kunden zu haben. Deren Bedürfnisse sind der beste Parameter für unsere Entscheidungen. Daher etablieren zukunftsfähige Unternehmen echte Partnerschaften mit ihren Kunden und arbeiten gemeinsam an Kundenlösungen. Und sie tun gut daran.
Denn wir sind auf dem besten Weg zu einer Wirtschaftsordnung, in der Kundenbedürfnisse ganze Unternehmen auf den Kopf stellen und herkömmliche Geschäftsmodelle abwählen. Die wachsende wirtschaftliche Bedeutung der Sharing Economy liefert gutes Anschauungsmaterial hierfür. Dort geht es gar nicht mehr um Besitz und Eigentum, sondern um die Lösung von Ressourcenfragen.
Sehen wir uns ein Beispiel an. Für immer mehr Kunden wird es zunehmend unbedeutend, ein eigenes Auto zu besitzen, welche Marke es ist und wie viel Hubraum unter der Haube schlummert. Angesichts permanenter Staus in unseren Ballungsgebieten, überfüllter Züge und ausfallender Flüge will ich mich einzig und allein darauf verlassen können, dass ich zuverlässig von A nach B komme. Wenn man darüber hinaus berücksichtigt, dass der eigene Pkw in Deutschland

durchschnittlich nur drei bis fünf Prozent der Zeit genutzt wird (über 95 Prozent seiner Lebenszeit also ungenutzt herumsteht), hat diese Entwicklung viel mit gesundem Menschenverstand zu tun, oder? Der Erfolg des Carsharings oder der Sharing-Fahrräder in vielen Großstädten, die ausgeliehen und an Stationen in der Nähe des Zielorts zurückgegeben werden, sind sichtbare Auswirkungen dieses Bedürfnisses. Eigentum spielt für bestimmte Abläufe keine Rolle mehr. Und: Die Qualität des Carsharing-Anbieters bewerten Sie nicht nach der Marke des Autos und der Frage, wer es wartet, sondern unter anderem danach: Wo steht das nächstgelegene Fahrzeug? Wie entsperre ich es? Muss ich es etwa wieder an einen festen Ort zurückbringen oder kann ich es an meinem individuellen Zielort abstellen? Was dies als Parameter für meine Entscheidungen bedeutet, bringt die Sozialpsychologin Shoshana Zuboff auf den Punkt: »Als Kunde will ich eine Angebotspalette, die sich genauestens auf meine Bedürfnisse einstellen lässt. Wertschöpfung entsteht in Zukunft im individuellen Raum. Firmen, die mich dort abholen, schaffen Wert.«

Das Unternehmen der Gegenwart und der Zukunft fragt nicht mehr: »Was kann ich dir verkaufen?«, sondern: »Wie geht es dir?«, »Was brauchst du?«, »Wie kann ich dir helfen?«

Nach der Produktions- und der Dienstleistungsökonomie bricht eine neue Phase an: die Unterstützungsökonomie. Es liegt auf der Hand, dass die alte Logik der mit dem T-Modell von Henry Ford eingeführten Massenfertigung diesen Herausforderungen nicht gewachsen ist. Die Rezepte von gestern taugen nichts mehr. Die Autoindustrie muss Modelle in großen Stückzahlen verkaufen, um Gewinne zu machen. Ändern sich die Mobilitätsbedürfnisse in der beschriebenen Weise, bricht das auf Eigentumserwerb gegründete Geschäftsmodell zusammen. Die Autoindustrie hat es trotz aller Forschungsmilliarden bereits vor 20 Jahren versäumt, die geschilderten Entwicklungen – trotz aller warnenden Vorboten wie Ölkrisen – zu erkennen und sich zur Mobilitätsindustrie zu verändern: Individuelles Fortkommen mit ressourcenschonenden elektronischen Leitsystemen auf Autobahnen zu verbinden, wäre beispielsweise eine Weiterentwicklung gewesen, die sich diese Industrie zu eigen hätte machen können.

Welche Kundenbedürfnisse erfüllen wir *nicht*?

Also alle Macht den Kunden? Erfüllen wir demnach jeden Kundenwunsch? Mitnichten. Bestimmte Kundenbedürfnisse *nicht* zu erfüllen, gehört zu den anspruchsvollsten Entscheidungen. Also anschnallen, bitte.

Wenn Unternehmen den Versuch starten, den »Kunden in den Mittelpunkt zu stellen«, wird dies häufig missinterpretiert als Notwendigkeit, sämtliche Kundenbedürfnisse zu erfüllen. Wir haben im Laufe der Jahre mehrere Hundert Führungskräfte gefragt, wer ihre wichtigsten Kunden seien. Die häufigste Antwort liest sich in etwa so: »Jeder Kunde ist bei uns ein A-Kunde, dem höchste Aufmerksamkeit zu widmen ist.« Es scheint so, als ob unsere Gesprächspartner diese Wohlfühlrhetorik auf einem der vielen schlechten Seminare zum Thema Kundenbindung aufgeschnappt hätten. (Häufig hatten die Leiter solcher Seminare niemals selbst Kundenverantwortung und haben keine eigenen Belege für den Aufbau belastbarer Kundenbeziehungen vorzuweisen.) Etwa ein Drittel hat übrigens gar keine Antwort parat, was ebenfalls bezeichnend ist. Unsere These:

Gute Kundenbeziehungen entstehen auch dadurch, dass wir erarbeiten, welche Kundenbedürfnisse wir nicht erfüllen.

Genauso übrigens, wie gute Unternehmensstrategien sich gründlich mit der Frage beschäftigen, was wir als Unternehmen *nicht* tun: Und gute Führungskräfte sorgfältig definieren, welche Aufgaben *nicht* prioritär sind und welche Aufgaben *gar nicht* mehr erledigt werden. Sehen wir uns ein Unternehmensbeispiel an, das illustriert, wie wichtig es ist, kontinuierlich zu schärfen, welche Kundenbedürfnisse wir erfüllen und welche *nicht*.

ZU VIELE KUNDENBEDÜRFNISSE

Jeder kennt Lego aus seinen Kindheitstagen. Seit ein dänischer Kunsttischler diese Kombination aus Plastik und Noppen im Jahr 1958 als Patent angemeldet hat, sind nach Firmenangaben etwa 500 Milliarden Elemente rund um den Globus verkauft worden. Der Enkel des Gründers führt heute ein Unternehmen, das mit 4500 Mitarbeitern und einem Umsatz von mehr als einer Milliarde Euro zum fünftgrößten Spielzeughersteller der Welt geworden ist. Dennoch kam es 2004 zu Entlassungen in erheblichem Ausmaß – unvorstellbar in der bisherigen Firmengeschichte. Die Analyse war einhellig: Lego hatte mit Merchandising von Harry Potter und anderen Figuren der Unterhaltungsindustrie versucht, zu viele unterschiedliche Kundenbedürfnisse zu erfüllen. Am Ende dieses Irrwegs stand das Unternehmen für alle möglichen kurzzeitigen Hypes der Unterhaltungs- und Spielzeugindustrie, hatte aber sein Kernprodukt vernachlässigt.

Erfolgsverwöhnte Unternehmen tappen immer wieder in die Falle, die Liste der adressierten Kundenbedürfnisse immer weiter auszudehnen und sich damit zu verzetteln – um am Ende ohne ein für den Kunden unterscheidbares Profil dazustehen. Es geht jedoch ganz anders, wie wir in dem folgenden Unternehmensbeispiel sehen.

PROFILSCHÄRFUNG

Der mittelständische Möbelhersteller Paschen & Companie dümpelte bis Anfang der 1990er-Jahre ohne klares Profil als Produzent von Esszimmermöbeln vor sich hin. Dann fasste Firmeninhaber Günter Paschen einen mutigen Entschluss. Ab sofort stellte das Unternehmen nur noch hochwertige Regalsysteme für Bibliotheken her, sonst nichts. Mit anderen Worten: Die meisten Bedürfnisse der bisherigen Kunden wurden zukünftig nicht mehr erfüllt. Die Wirkungen ließen nicht lange auf sich warten. Das Unternehmen wurde zum »Shootingstar der Branche« mit einer Umsatzverdopplung innerhalb von fünf Jahren und einem Anteil von 25 bis 30 Prozent in diesem Nischenmarkt.

Lassen Sie uns noch ein drittes Beispiel ansehen, das jeder kennt und dessen Erfolgsgeschichte im Kern darauf beruht, zahlreiche Kundenbedürfnisse nicht zu erfüllen und dieser Ausrichtung dauerhaft und mit ungewöhnlicher Konsequenz treu zu bleiben.

ERFOLG DURCH NEINSAGEN

Während wir in den meisten Supermarktketten durchschnittlich 8000 bis 10 000 unterschiedliche Produkte vorfinden (und angesichts 35 verschiedener Marmeladensorten und über 50 unterschiedlicher Joghurts zu verzweifeln beginnen), beschränkt sich Aldi auf weniger als 1000.

Ein Unterschied um den Faktor zehn. Bevor ein neues Produkt in das Programm aufgenommen wird, muss es einen strengen Filter durchlaufen, der es in sich hat. Und was passiert, wenn es ein neues Produkt tatsächlich schafft? Dann fliegt ein anderes aus dem Programm. Anschauungsmaterial für den Mut, nicht alle Kundenbedürfnisse zu befriedigen und »Nein« zu sagen.

Der Versuchung widerstehen

Insbesondere in Konfliktfällen und schwierigen Entscheidungssituationen zeigt sich die Belastbarkeit der Kundenlösung im partnerschaftlichen Verhältnis. Bei Schönwetter kann jeder segeln. Wie aber verhalten wir uns in schwierigen Situationen? Hier trennt sich die Spreu vom Weizen; dann zeigt sich, ob die viel beschworene Ausrichtung auf den Kunden nur in Sonntagsreden vorkommt oder auch im faktischen Handeln. Sehen wir uns ein weiteres Beispiel aus unserem Umfeld an.

ZUVERLÄSSIGKEIT ALS GRUNDPRINZIP

Ein mittelständisches Maschinenbauunternehmen hatte nach der Übernahme des stärksten Wettbewerbers in einem Produktbereich eine derart starke Marktstellung, dass die Preise für einzelne Produkte um 15 bis 20 Prozent hätten angehoben werden können. Und das für mehrere Jahre. Und bezogen auf Anlagenpreise beziehungsweise Projektvolumina in der Größenordnung hoher einstelliger bis zweistelliger Millionenbeträge. 19 von 20 Managementteams hätten sich für diesen kurzfristigen Geldregen entschieden (und die meisten hätten sich zusätzlich dafür feiern lassen). Nicht so unser Unternehmen. Die Diskussion in der Geschäftsleitung zu dieser Frage dauerte nur wenige Minuten. Wie selbstverständlich haben sich die Führungskräfte dagegen entschieden und die Situation nicht ausgenutzt. Langfristige und auf Vertrauen basierende Lösungspartnerschaften mit den Kunden waren ihnen wichtiger.

Anschauungsmaterial für zukunftsweisende Unternehmensführung. Zuverlässigkeit und damit Vertrauen entsteht durch Handeln, nicht durch Worte. Das Unternehmen wächst übrigens, entgegen aller wirtschaftlichen Turbulenzen, stabil weiter und gehört zu den erfolgreichsten deutschen Mittelständlern.

Was Kunden nicht wissen

»Wenn ich die Menschen gefragt hätte, was sie wollen, hätten sie gesagt: Schnellere Pferde.« Würde Henry Ford heutzutage die Menschen im Web 2.0 fragen, was sie wollen, würde er überrascht sein, welche Antworten er bekommt. Und auch wir können nicht wissen, welche Antworten wir auf diese Frage bekommen. Einige Menschen würden heute antworten: »Schnellere Autos.« Andere würden sagen: »Helikopter, um die täglichen Staus zu überfliegen.« – »Carsharing.« – »Elektronische Leitsysteme, die erlauben zu lesen, zu arbeiten und die Fingernägel zu lackieren, während wir am Steuer sitzen.« – »Mehr Fahrräder.« Das Web 2.0 erlaubt einer fast unbegrenzt hohen Anzahl an Ideengebern einen unbegrenzt hohen Austausch von unbegrenzt vielen Ideen, die wieder neue Ideen hervorrufen. Sehen wir uns weitere Beispiele an:

- Apple hält Kontakt zu einer schier unendlich großen Anzahl von Usern im Web, die für das Unternehmen Apps und Podcasts entwickeln. Im Übrigen ist der iPad ein gutes Beispiel für ein Produkt, das die angestammten Kunden des Unternehmens alleine nie hätten artikulieren können.
- Biologen der University of Washington haben *crowd sourcing* betrieben, um die Struktur eines Aids-Virus zu entschlüsseln, was zuvor Experten über 15 Jahre nicht gelungen war.
- Der Pharmariese Merck nutzte die Online-Plattform Kaggle, um seinen Prozess der Medikamentenentwicklung zu optimieren. Die Testreihen für die Wirksamkeit von pharmazeutischen Stoffen

gegen Krankheiten sind extrem aufwendig und mit hohen Unsicherheitsfaktoren belegt. Merck lobte über Kaggle einen Preis über 40 000 US-Dollar aus, um über die *web crowd* eine verlässliche und effiziente Testmethode entwickeln zu lassen. Dabei stellte das Unternehmen Informationen über chemische Komponenten zur Verfügung. Aus 2500 eingegangenen Vorschlägen wählte es schließlich die Lernmaschine eines Computertechnikers aus und setzte diese erfolgreich um.

- Die Plattform OpenIDEO hat eine weltweite Gemeinschaft von Kreativen gebildet, die über die Design-Thinking-Methode nicht nur Produktideen erfinden, sondern auch Lösungen für soziale Probleme in den Bereichen Menschenrechte, Stadtentwicklung und Wasserreinigung entwickeln.

Übrigens: Der Grundgedanke, den wir hier entfalten, ist uralt. Im Europa des 18. Jahrhunderts war es üblich, dass technologische, wissenschaftliche oder gesellschaftliche Innovationen über Ausschreibungen wissenschaftlicher Akademien und staatlicher Einrichtungen generiert wurden, die sich besonders an fachferne Interessierte richteten. Über solche Ausschreibungen wurden einige bahnbrechende Erfindungen und Lösungen zutage gefördert. So schrieb das britische Parlament 1714 einen Preis aus, um eine exakte Messmethode von Längen- und Breitengraden zu entwickeln. Eine Aufgabe, an der sich Experten und Wissenschaftler zuvor die Zähne ausgebissen hatten, unter ihnen auch der schon zu Lebzeiten hoch angesehene Isaac Newton. Der Gewinner der Ausschreibung, an der 200 Einsender teilnahmen, war ein Schreiner und Uhrmacher vom Land, John Harrison. Er hatte einen Chronometer entwickelt, der die gesuchte Messung erstmals möglich machte.
Kein Geringerer als der französische Aufklärungsphilosoph Jean-Jacques Rousseau verdankte seinen Ruhm der Teilnahme an offenen Ausschreibungen der wissenschaftlichen Akademien seiner Zeit. 1750 gewann er als völlig Unbekannter den ersten Preis der Akademie von Dijon mit seinem »Diskurs über die Wissenschaften und Künste«.

1754 antwortete er mit seinem »Diskurs über den Ursprung der Ungleichheit unter den Menschen« auf die Preisfrage der Akademie von Dijon: »Welches ist der Ursprung der Ungleichheit unter den Menschen und ist sie durch das Naturgesetz gerechtfertigt?« Beide Schriften bereiteten den Weg für die berühmteste Abhandlung von Rousseau, den 1762 erschienenen *Contrat Social*, eines der Hauptwerke der Aufklärung und grundlegend für die Gestaltung der modernen Demokratie. Rousseau war ein begeisterter Teilnehmer solcher offener Wettbewerbe und verdiente unter anderem mit dem Prämiengeld seinen Lebensunterhalt.

Die Erfindung des Chronometers zur Orientierung auf hoher See und unser Fundament der modernen Demokratie: Resultate von Open Innovation im 18. Jahrhundert.

Das Geheimnis der Stärke dieser Methode ist einfach, damals wie heute. Es ist nicht primär ein Geldpreis, der die Menschen antreibt, sich hochengagiert, oft weit über das übliche Maß hinaus an solchen Ideenwettbewerben zu beteiligen. Es sind auch nicht die Experten oder die Kunden allein, die die besten Ideen generieren. Es ist die intrinsische Motivation der an einem Problem Interessierten, der Fanatics, die Innovationskraft bewirkt und unsere Entscheidungen leitet.
Alles Beispiele dafür, dass das Web für Unternehmen heute eine unversiegbare Quelle von Ideen für die Weiterentwicklung von Produkten darstellen kann – außerhalb der eigenen vier Wände und weit über den eigenen Kundenkreis hinaus.

Dass unternehmerische Entscheidungen deswegen schwierig sind, weil sie in den seltensten Fällen eindeutig sind, haben wir bereits erwähnt. Richtig schwierig wird es indes, wenn sich eine Entscheidung im Laufe der Zeit vielleicht doch als Irrweg herausstellt. Wir beobachten in solchen Situationen immer wieder ein Muster, das sich hartnäckig auf den Entscheider-Etagen hält. Zum Ausdruck kommt es in Sätzen wie: »Wir können das Produkt nicht einstampfen, denn wir haben in dessen Weiterentwicklung gerade einen siebenstelligen Betrag investiert – ganz zu schweigen von den aufwendigen Marketingmaßnahmen.« Oder: »Niemals werden wir uns aus Rumänien zurückziehen! Schließlich haben wir in den Aufbau dieses Marktes schon sehr viel Geld gesteckt.« Was passiert hier? Versenktem Geld wird noch mehr Geld hinterhergeworfen, bloß weil schon viel investiert wurde – eine verhängnisvolle Richtschnur für die Entscheidung zugunsten eines noch weiter gehenden finanziellen Engagements. Und: Je mehr Geld bereits investiert wurde, desto größer ist der Drang, weiterzumachen. Anschaulich wird dieses Verhalten als *sunk cost fallacy* bezeichnet.

Jeder kennt diese »Falle« auch aus dem privaten Umfeld: Der miserable Kinofilm wird bis zum bitteren Ende angeschaut, schließlich haben Sie ja die Karten gekauft. Und das Essen im Restaurant, das nach nichts schmeckt? Genau. *Sunk cost fallacy.* Größer werden die Auswirkungen schon, wenn wir umso stärker an einer Aktie festhalten, je mehr sie an Wert verloren hat. Gesamtwirtschaftlich: Je mehr Geld im Zuge der Staatsschuldenkrise in die sogenannten Rettungspakete geflossen ist, desto schwieriger wird es, den eingeschlagenen Weg wieder zu verlassen. Und: Der Vietnamkrieg wurde, wie Rolf Dobelli bemerkt, mit der Begründung verlängert, dass »schon so viele Soldaten sterben mussten, dass es keinen Sinn machen würde, nun aufzugeben«.

Sie erkennen, dass die *sunk cost fallacy* zu verheerenden Entscheidungen führen kann. Sehen wir uns auch hierzu ein Unternehmensbeispiel an.

SUNK COST FALLACY

Wir schreiben das Jahr 2009. Der mittelständische Weltmarktführer im Konsumgüterbereich strotzt vor Selbstbewusstsein. Eine starke Marke, Auszeichnungen für mehrere Produkte, globale Aufstellung mit insgesamt acht Produktionsstandorten. Drei davon befinden sich in Deutschland. Eines der Werke – es ist das älteste und die historische Wurzel des Unternehmens – ist in »die Jahre gekommen«. Daher beschließt die Geschäftsleitung ein umfangreiches Investitionsprogramm. Gebäude werden renoviert, Maschinen auf einen besseren technischen Stand gebracht, die Fertigungsabläufe neu geordnet. In den nächsten fünf Jahren fließen insgesamt 40 Millionen Euro in das Werk. Nennen wir es Werk Nord.

Schnitt. 2014. Das Unternehmen hat in Kernmärkten kontinuierlich Marktanteile verloren. Zu hohe Produktionskosten sind einer der wichtigsten Gründe. Insbesondere scheinen drei Produktionsstandorte in Deutschland nicht mehr haltbar zu sein. Die Analyse der drei deutschen Werke zeigt, dass Werk Nord deutlich unrentabler ist als die übrigen Werke. Höhere Gehaltsstrukturen, unflexiblere Arbeitszeiten, eine ungünstigere Artikelstruktur und ein zwar optimierter, aber eben alter Anlagenbestand sind einige der Ursachen. Nach quälenden Diskussionen verkauft die Geschäftsleitung am Ende das rentabelste der drei deutschen Werke. »Schließlich haben wir einen riesigen Betrag im Werk Nord investiert. Das soll doch nicht umsonst gewesen sein!«

So etwas kann Ihnen nicht passieren? Wir wären da vorsichtig und wünschen uns, dass Sie stets bedenken:

Halten Sie nicht an Entscheidungen fest, nur weil schon so viel Zeit, Energie und Geld hineingeflossen ist.

Wann aber erkenne ich den Punkt, an dem ich das Ruder herumreißen muss? Woher nehme ich meine Orientierung für unternehmerische Entscheidungen? Wir erleben so viele Fehlentscheidungen, weil uns ein praktikables Gerüst fehlt, das über das Tagesgeschäft hinausgeht und Orientierung für unsere Entscheidungen gibt.
Dieses Gerüst liefern wir im nächsten Kapitel.

5 | Fazit

Wir glauben, in einer Zeit zu leben, die in besonderem Maße komplex, unübersichtlich und unsicher ist. Wir haben eingangs aufgezeigt, dass dies nicht der Fall ist.
Weil wir aber hartnäckiger an dieser Vorstellung festhalten, erfinden wir immer neue Wege, unsere Entscheidungen so lange zu unterfüttern, bis sie scheinbar »sicher« sind:

- Wir quälen uns durch endlose Planungsorgien, die vor allem eines produzieren: Scheingenauigkeiten.
- Mit ausgeklügelten Managementsystemen versuchen wir, Risiken zu begrenzen. Ein Anachronismus, der dummerweise nicht ohne Nebenwirkungen bleibt: Initiative und Innovation werden unterwandert.
- Wir führen Benchmarking-Analysen durch und vergleichen uns dabei mit anderen. Dabei wissen erfahrene Praktiker natürlich, dass Unternehmen einzigartige Gebilde sind.
- Für besonders kniffelige Fragen begeben wir uns in die Fänge des Experten-Autismus, lassen Prognosen erstellen und richten unsere Entscheidungen danach aus.

Solche Ansätze spiegeln den verzweifelten Wunsch wider, die Zukunft beherrschbar zu machen. Es wird nicht gelingen. Wir sollten uns verabschieden von der Vorstellung, die zukünftige Unternehmensentwicklung mit »sicheren« Entscheidungen beherrschen zu können. Wir können es nicht. Was dagegen immer wichtiger wird: Mit Unsicherheiten und Unschärfen umgehen, dabei Abwägungen treffen und Widersprüche aushalten lernen. Das ist wahrscheinlich *die* Kernanforderung an Führungskräfte überhaupt.

Besonders anspruchsvoll ist es, bereits getroffene Entscheidungen zu revidieren und den richtigen Zeitpunkt hierfür zu finden. Wir haben in diesem Zusammenhang die Gefahren der *sunk cost fallacy* erläutert.

Der einzig legitime Maßstab, der als Parameter für unsere Entscheidungen taugt, sind diejenigen, die Ihre Rechnungen zahlen: Ihre Kunden. Wir haben aufgezeigt, dass der einzige Zweck Ihres Unternehmens darin besteht, zufriedene Kunden zu haben. Dazu gehört auch, klar zu benennen, welche Kundenbedürfnisse Sie zukünftig *nicht* mehr erfüllen.

Kapitel 2 | Orientierung geben

1 | Allgemeine Orientierungslosigkeit

Wenn wir nur ein Wort zur Verfügung hätten, um zu beschreiben, was wir täglich in unserer praktischen Arbeit erleben, dann würden wir dieses wählen: Orientierungslosigkeit. Seine wichtigsten Facetten:

- Entscheidungen werden nicht getroffen, sondern – wie wir im ersten Kapitel gezeigt haben – durch endlose Planungsorgien, anachronistische Risikobegrenzungsmechanismen, nutzlose Benchmarking-Analysen und sogenannte Expertenprognosen scheinbar »abgesichert«. Hinzu kommt die weitverbreitete Neigung, durch immer tiefere Detailanalysen eine Entscheidung weiter aufzuschieben. Wer so agiert, verstrickt sich immer tiefer im wahrgenommenen Dickicht – und findet dummerweise immer mehr Ansatzpunkte für widersprüchliche Aussagen.
- Werden dann Entscheidungen getroffen, stellen sie sich als zusammenhanglos, schlecht begründet und undurchsichtig dar.
- Die Orientierungslosigkeit wächst dadurch, dass nicht gesagt wird, was wir mit der Umsetzung einer Entscheidung zukünftig *nicht* mehr machen. Damit verstoßen wir gegen den fundamentalen Charakter von Entscheidungen.

- Verstrickt im Tagesgeschäft vernachlässigen es viele Führungsmannschaften, sich mit der mittel- bis langfristigen Ausrichtung des Unternehmens auseinanderzusetzen. Die Frage »Wo geht die Reise des Unternehmens hin?« bleibt unbeantwortet.

Insbesondere mit den beiden letztgenannten Aspekten beschäftigen wir uns in diesem Kapitel. Wie würden die Antworten in Ihrem Unternehmen ausfallen, wenn wir 20 zufällig ausgewählte Menschen fragen würden: »Wo geht die Reise des Unternehmens hin, wenn wir über den Tellerrand des Tagesgeschäfts hinausblicken? Wo und wofür steht das Unternehmen in fünf Jahren?«
Natürlich wissen wir, dass Entscheidungen, die die mittel- bis langfristige Ausrichtung Ihres Unternehmens betreffen, in besonderem Maße anspruchsvoll sind. Gleichzeitig sind sie besonders wichtig. Der Durst nach dieser Art von Orientierung ist in den allermeisten Unternehmen mit Händen greifbar.

Besonders anspruchsvoll und gleichzeitig wichtig sind Entscheidungen, die Orientierung über die mittel- bis langfristige Ausrichtung Ihres Unternehmens oder Verantwortungsbereiches geben.

Dabei hat die Orientierung, die wir meinen, nichts mit Strategien zu tun, die am grünen Tisch von der Unternehmensleitung oder von Beratungen konzipiert werden; mit starren Zielen, die sich nach einem Jahr als von der Realität überholt erweisen. Orientierung, die wir meinen, geht behutsam mit dem überstrapazierten Wort »Strategie« um. Am wenigsten meinen wir das lineare Hochrechnen von Zahlen aus der Vergangenheit für die nächsten drei bis zwölf Monate. Das ist sinnlose und zukunftsfreie Planung.
Wir verstehen Strategie als dynamische Kraft, die kontinuierlich nach Opportunitäten sucht und Umsetzungsinitiativen benennt. Im Sinne eines laufenden Prozesses, der sucht, handelt, Fehler macht, lernt, modifiziert und wieder von vorne beginnt. Gleichzeitig gibt die Stra-

tegie eine Richtung vor, an der sich Entscheidungen des Unternehmens in den nächsten Jahren ausrichten können. Der aktuellen Entwicklung des Unternehmens ist sie bestenfalls immer drei bis fünf Jahre voraus und liefert so den Orientierungspunkt, den ein Unternehmen, seine Führungskräfte und Mitarbeiter brauchen, um sich ganz im Unternehmensinteresse einsetzen zu können.
Es geht im Kern darum, zu definieren, wie sich Ihr Unternehmen mittel- bis langfristig – also über das Tagesgeschäft hinausblickend – entwickeln soll und was Sie tun müssen, um dem so formulierten Anspruch gerecht zu werden. Wir haben hierfür ein praxiserprobtes Gerüst entwickelt, das einerseits eine Richtung für die zukünftige Unternehmensentwicklung beschreibt, an der Sie Ihre Entscheidungen ausrichten können, und das andererseits ein dynamisches, sich fortlaufend weiterentwickelndes Gebilde darstellt.

2 | Orientierung für das Unternehmen: Wo geht die Reise hin?

Zukunftsbild entwickeln

Am Anfang der Entwicklung des Orientierungsrahmens für unsere täglichen Entscheidungen steht eine Reflexion gemeinsam mit Ihren Führungskräften. Dort stellen Sie sich Fragen zur mittel- bis langfristigen Ausrichtung des Unternehmens:

- In welchem Teil der Wertschöpfungskette unterscheiden wir uns im Wettbewerb von anderen?
- Für wen schöpfen wir Wert?
- Welche der Probleme unserer Kunden helfen wir, zu lösen, und welche Kundenbedürfnisse erfüllen wir nicht?
- Für welche Werte sind unsere Kunden zu bezahlen bereit?
- Welche Schlüsselaktivitäten erfordern unsere Wertangebote?
- Wer sind unsere Schlüsselpartner und -lieferanten?

- Welche Schlüsselressourcen erfordern unsere Wertangebote?
- Wie stellen wir uns intern auf, um die Umsetzung unserer strategischen Ziele bestmöglich zu unterstützen?
- Welches sind die wichtigsten mit unserem Geschäftsmodell verbundenen Kostentreiber?

Es versteht sich von selbst, dass diese Fragen, je nach spezifischer Unternehmenssituation, leicht variiert beziehungsweise detailliert werden müssen. Genauso versteht übrigens jeder, dass niemand die Zukunft vorhersagen kann: Keine noch so erfahrene Unternehmensleitung dieser Welt wird im Detail beispielsweise beantworten können, mit welchem Produkt ihr Unternehmen in fünf Jahren welchen Umsatz in Frankreich macht. Darum geht es auch gar nicht. Ein solches Verständnis würde den Scheingenauigkeiten des oben dargestellten Planungswahnsinns entsprechen.

Das Zukunftsbild beschreibt auf einer Seite, wo und wofür Ihr Unternehmen in fünf Jahren steht.

Die Erkenntnisse aus dem Kundenworkshop, den Sie mit Ihren besten Kunden vorab durchgeführt haben, beziehen Sie in die Diskussion ein.

Ergebnis dieses Workshops ist ein Zukunftsbild Ihres Unternehmens, das von den Führungskräften mitgetragen wird. Im besten Fall haben Sie dieses Zukunftsbild vorgedacht und gleichen am Ende ihre Fassung mit der gemeinsam entwickelten ab. Sie werden sich wundern, welche interessanten neuen Anregungen hinzugekommen und wie hoch gleichzeitig die Übereinstimmungen sind.

Strategische Ziele ableiten

Aus dem Zukunftsbild leiten Sie eine Handvoll strategische Ziele ab, die Sie und Ihre Führungskräfte in den nächsten drei bis fünf Jahren wie ein Kompass leiten werden.

Strategische Ziele konkretisieren Ihr Zukunftsbild im ersten Schritt.

Handlungsfelder bestimmen

In Folgeworkshops arbeiten Sie mit Ihren Führungskräften gemeinsam am »Wie« der Umsetzung Ihrer mittel- bis langfristigen Ausrichtung. Die Leitfrage: Was sind die wichtigsten Handlungsfelder, die wir »beackern« müssen, um dem in Zukunftsbild und strategischen Zielen formulierten Anspruch auch gerecht zu werden? Die zeitliche Perspektive liegt hier bei ein bis drei Jahren. Dabei definieren Sie Handlungsfelder auf vier Ebenen:

- *Menschen* – Was müssen wir und unsere Mitarbeiter leisten, um das Unternehmen erfolgreich zu machen und gleichzeitig selbst zu wachsen?
- *Prozesse/Organisation* – Wie müssen unsere Organisation und die Geschäftsprozesse ausgestaltet sein, damit wir unsere Kunden optimal versorgen und unser Zukunftsbild umsetzen können?
- *Markt/Kunde* – Wie begegnen wir unseren Kunden und wie stellen wir uns im Markt auf, um unser Zukunftsbild mit Leben zu füllen?
- *Finanzen* – Was müssen wir finanziell erreichen und wie müssen wir auf der Kostenseite aufgestellt sein, um langfristig erfolgreich zu sein?

Definieren Sie nicht mehr als vier bis fünf Handlungsfelder pro Ebene, andernfalls verzetteln Sie sich.

Dabei ist die Reihenfolge alles andere als zufällig: Die Handlungsfelder, die sich auf die Menschen in Ihrem Unternehmen beziehen, sind das Fundament. Auf diesem Fundament ruhen die Handlungsfelder und Maßnahmen, die wir erledigen müssen, um im Markt und beim Kunden erfolgreich zu sein, sowie solche, die unsere Organisation betreffen. Schließlich führt all dies zu einem bestimmten finanzwirtschaftlichen Ergebnis.
Diese Logik ist nach unserer Erfahrung ausschlaggebend für eine gesunde Unternehmensführung. Häufig genug beschäftigen sich Managementteams einen Großteil ihrer Zeit mit der letzten Perspektive – Finanzen – und entsprechenden Kennzahlen. Es sind diese Unternehmen, die ihre Leistungsträger verlieren und irgendwann vom Markt verschwinden.

Wer sich primär auf Finanzkennzahlen konzentriert, vernachlässigt mit mechanischer Sicherheit deren Ursachen.

Konsequent zu Ende gedacht räumt dieses Vorgehen mit einem großen Missverständnis auf:

Zahlen sind keine Ziele, sondern Ergebnisse guten unternehmerischen Handelns.

Wenn die qualitativen Handlungsfelder gut durchdacht und solide umgesetzt und erarbeitet werden, kommen gute Ergebnisse von alleine. Umgekehrt gilt das eben nicht: Eine Zahl bleibt hohl und inhaltsleer, wenn der Weg dorthin nicht in groben Zügen beschrieben werden kann.
Während der Diskussion von Zukunftsbild, strategischen Zielen und Handlungsfeldern befassen Sie sich intensiv mit den wichtigen Inhalten des Geschäfts und deren Umsetzung. Auf diese Weise erhält das Ringen um weitere Unternehmensentwicklungen eine ganz andere Validität und Verbindlichkeit, als das traurigerweise üblich ist. Üblich ist

nämlich, dass Vorstände oder Geschäftsführungen vollmundig große Wachstumsziele verkünden – abgeleitet aus waghalsigen Hirngespinsten, Größenwahn und dem Gefühl, besser, schneller und weiter zu sein als der Wettbewerb. Umso wohltuender erleben wir dagegen Eigentümer- oder familiengeführte Unternehmen, die sich bewusst dafür entscheiden, auf dieses Brimborium zu verzichten.

Maßnahmen definieren und priorisieren

Schließlich definieren Ihre Führungskräfte mit deren Teams, welche konkreten Einzelmaßnahmen zu erledigen sind, damit die strategische Ausrichtung auch mit Leben gefüllt und umgesetzt wird. Jede Maßnahme definiert mit einem Zeithorizont von sechs bis 18 Monaten, wer was bis wann zu erledigen hat. Besonders wichtig ist hier nach unserer Erfahrung eine sorgfältige und realistische Priorisierung. Achten Sie darauf, dass Sie zu den maximal 20 Prozent gehören, die sich nicht zu viel auf einmal vornehmen.

Wer nahezu jedes Thema als »Priorität eins« definiert, wird im Nirwana enden.

Die viel beklagte Umsetzungsschwäche hat hier eine ihrer Hauptursachen. Wie Sie wirkungsvoll gegensteuern können, zeigen wir Ihnen im nächsten Abschnitt.

Laufendes Monitoring

Sicher kennen Sie diese Situation: Sie haben eine Reihe von Maßnahmen entwickelt, gehen voller Elan aus den entsprechenden Workshops heraus – und nach einigen Monaten sind die Dinge im Sand verlaufen.

Vereinbarungen werden nicht eingehalten und verlaufen im Sand – eine der schlimmsten Seuchen in unseren Unternehmen.

Jeder anerkennt daher, wie wichtig ein professionelles Monitoring der Strategieumsetzung ist. Bisher fehlten allerdings geeignete Instrumente zur Unterstützung dieser anspruchsvollen Aufgabe. Excel-Tabellen, Flowcharts in PowerPoint und herkömmliche Instrumente des Projektmanagements führen regelmäßig zu großer Frustration. Was kein Wunder ist, bilden sie doch die Dynamik des von uns hier entwickelten Orientierungsrahmens als sich laufend erneuerndes Gebilde nicht adäquat ab. Des Weiteren verdeutlichen sie den Beteiligten nicht, was der Beitrag des Einzelnen am Gesamten ist:
Warum ist die Erledigung der mir übertragenen Maßnahme wichtig für das Gelingen der Umsetzung der Strategie? Wie kann ich als einzelner Beteiligter nachvollziehen, wo wir in der Umsetzung stehen, oder warum geht es an der einen oder anderen Stelle unserer Strategie nicht vorwärts?
Inzwischen sind erste Webtechnologien verfügbar, die sich an der Gehirnforschung orientieren und diesem Anspruch gerecht werden. Sie ermöglichen es, ein komplexes Projekt auf einen Blick und wahlweise detailliert darzustellen – mit seinen Unterprojekten, deren gegenseitigen Abhängigkeiten sowie dem Fortschritt von Unterprojekten und Gesamtvorhaben. Jeder Beteiligte hat zu jedem Zeitpunkt die Möglichkeit, das Gesamtprojekt und dessen Fortschritt transparent einzusehen.

Wachhalten: Regelmäßige Überprüfung und Aktualisierung

Keine mittel- bis langfristige Ausrichtung ist in Stein gemeißelt. Marktveränderungen, unvorhersehbare interne Entwicklungen und das Abarbeiten von Maßnahmen, Handlungsfeldern und strategischen Zielen sorgen dafür, dass sich Inhalte fortlaufend weiterentwickeln.

Die unterschiedlichen Zeithorizonte der einzelnen Schritte machen deutlich: Hier entsteht ein sich ständig erneuerndes Gebilde. Daher ist es unerlässlich, den hier entwickelten Ordnungsrahmen als dynamische Strategie zu verstehen und mindestens einmal im Jahr zu überprüfen:

- Stimmt die langfristige Ausrichtung nach wie vor?
- Haben wir das eine oder andere strategische Ziel schon erreicht?
- Welche Handlungsfelder und Maßnahmen haben wir abschließend bearbeitet und damit welchen Fortschritt erzielt?
- Was haben wir nicht in der vorgesehenen Zeit erreicht und warum nicht?
- Welches Ziel erscheint uns angesichts unerwarteter Entwicklungen nicht mehr realistisch oder erstrebenswert?

Wir empfehlen Ihnen, hierfür einmal im Jahr eine zweitägige Klausur – idealerweise unter erfahrener und fordernder Moderation – mit Ihrer Führungsmannschaft durchzuführen.

Bezugsrahmen für Ihre täglichen Entscheidungen

Wir wiederholen unsere Ausgangsbeobachtung:

Wir erleben so viele Fehlentscheidungen, weil uns ein Ordnungsrahmen fehlt, der über das Tagesgeschäft hinausgeht und Orientierung für unsere Entscheidungen gibt.

Diesen Ordnungsrahmen haben wir hier entwickelt. Die nachstehende Abbildung fasst dessen Elemente zusammen.
Durch diesen Rahmen entsteht ein Gerüst, an dem Sie Ihre täglichen Entscheidungen spiegeln können. Es ist beeindruckend, zu sehen, wie eine so erarbeitete verbindliche und dynamische Ausrich-

Abbildung 1: Strategieprozess als Bezugsrahmen für Entscheidungen

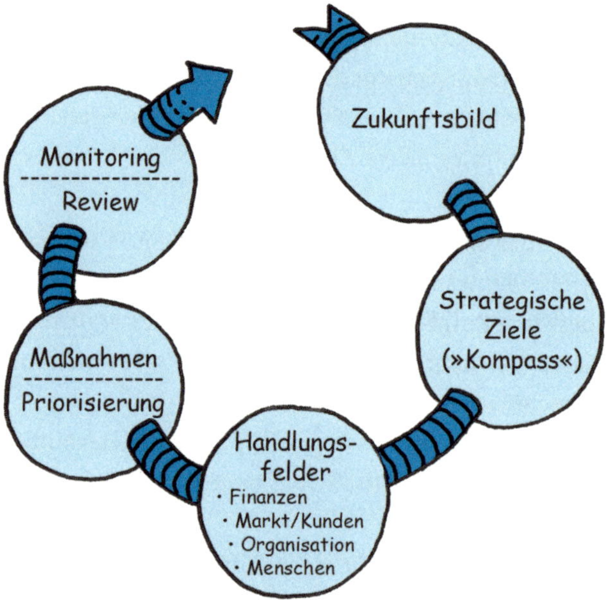

tung Vorständen, Geschäftsführungen und Eigentümern Orientierung für anstehende unternehmerische Entscheidungen gibt. Bitte nehmen Sie bei jeder anstehenden Entscheidung das Zukunftsbild zur Hand und überlegen, welcher Weg am besten auf dessen Umsetzung einzahlt:

- Sollen wir Unternehmen X kaufen oder organisch wachsen? Ist der Kauf im langfristigen Interesse des Unternehmens?
- Ist Standort Y noch haltbar?
- In welche Region expandieren wir? In welche nicht?
- In welchen Feldern brauchen wir Innovationen? In welchen nicht?
- Welche Produkte werden wir weiterentwickeln und dafür Geld in die Hand nehmen? Welche geben wir auf und warum?
- Inwiefern helfen unsere Kooperationspartner bei der Erreichung unserer Ziele?
- Sollen wir uns zentral oder eher dezentral aufstellen?

- Welche Kompetenzen brauchen wir in unserem Unternehmen zukünftig und welche nicht mehr?
- Welche Personalentscheidungen muss ich dringend treffen, die ich zum Teil seit Jahren vor mir herschiebe?
- Passen die Projekte A, B und C eigentlich zu unserem Zukunftsbild und den strategischen Zielen?

Wie sehr eine gut durchdachte und sorgfältig erarbeitete Strategie als Ordnungsrahmen für wichtige Entscheidungen dient, erleben Unternehmen jeden Tag. Hier ein Beispiel aus dem Bereich der Rohstoffindustrie.

NEIN ZUM UNTERNEHMENSKAUF

Ein 100 Jahre altes Familienunternehmen, Weltmarktführer in der Produktion und Verarbeitung von Torfsubstraten für die Lebensmittel- und Blumenindustrie. Mit drei Produktionsstätten ist das Unternehmen fest in der Region verankert. Allerdings laufen die Abbaugenehmigungen in den kommenden zehn Jahren aus. Kurzsichtige umweltpolitische Rahmenbedingungen in Deutschland verschlechtern sich ferner so stark, dass das Unternehmen seine Produktion seit einigen Jahren in die baltischen Staaten, nach Irland und Südamerika verlagert.

Eine Opportunität tut sich auf: Nördlich der alten Unternehmenszentrale steht ein Torfabbaugebiet mit 15 Jahren Abbaugenehmigung zum Verkauf. Teil des Kaufs: Die Rohstoffe werden auf Dauer und mit einem Festpreis von einem Lieferanten abgenommen, der den Hobbygartenbau beliefert.

Die seit Generationen in der Region verwurzelten Führungskräfte sind begeistert. Der Erwerb würde die Lebensdauer der alten Verarbeitungsstandorte um mindestens fünf Jahre verlängern. Nach langen und schwierigen Diskussionen entscheiden sich Geschäftsführung und Gesellschafter gegen die vordergründig so verlockende Kaufoption. Ausschlaggebend für diese Entscheidung war neben Zweifeln an der Wirtschaftlichkeit: Das Zukunftsbild legt fest, dass das Kerngeschäftsfeld im margenträchtigen Profigartenbau und nicht im extrem unter Preisdruck stehenden Hobbygartenbau liegen wird. Das Risiko einer langfristigen Verpflichtung auf dieses Kundensegment um den Erhalt von Standorten willen ist zu hoch, so schwer die Entscheidung auch fällt.

Eine Entscheidung gegen die Tradition und für den langfristigen Erhalt des Unternehmens dank der orientierenden Kraft eines Zukunftsbildes, das zur nüchternen Bewertung von Opportunitäten zwingt. Eine sorgfältig erarbeitete und gut durchdachte Strategie hilft ferner, gute individuelle Ziele zu vereinbaren. Denn diese bekommen nun einen Kontext, einen Bezugspunkt. Damit erfüllen sie ihren ureigenen Zweck: Orientierung für den Einzelnen zu schaffen. Wie dies gelingt, lesen Sie im nächsten Abschnitt.

3 | Orientierung für den Einzelnen: Was ist mein Beitrag?

Zielvereinbarungen gehen zurück auf Altmeister Peter Drucker, der bereits Mitte der 1950er-Jahre das »Führen mit Zielen« (*Management by Objectives, MbO*) eingeführt hat. Nahezu alle Unternehmen arbeiten heute damit. Allerdings würde sich Drucker im Grabe umdrehen, wüsste er um die gängige Zielvereinbarungspraxis. Sie muss nicht nur neu justiert, sondern radikal verändert werden. Notwendig ist eine Kernsanierung. Für deren wichtigste Elemente stellen wir im Folgenden die gängige Praxis einem Ansatz gegenüber, den wir für zukunftsfähig halten.

Weniger ist mehr

- Gängige Praxis: Es werden Ziele für jeden erdenklichen Aspekt des betrieblichen Geschehens auf Unternehmens-, Bereichs-, Abteilungs- und individueller Ebene formuliert. Das Ergebnis ist oftmals ein Zielgestrüpp mit zehn oder mehr Zielen pro Person, das niemand mehr durchschauen und handhaben kann.
- Zukunftsfähige Praxis: Vereinbaren Sie nicht viel Kleinkram, sondern wenige »große« Themen, die die Schwerpunkte der Arbeit Ihres Mitarbeiters für die nächste überschaubare Zeit abbilden.

Keine Pseudoquantifizierungen

- Gängige Praxis: Selbst diejenigen Themen, die kein vernünftiger Mensch in Zahlen auszudrücken versuchen würde, werden mit Gewalt in selbst konstruierte Mess- und Quantifizierungsschemata gepresst.
- Zukunftsfähige Praxis: Gehen Sie behutsam mit Quantifizierungen um. Sie gaukeln in aller Regel Scheingenauigkeiten vor. Wir werden im vierten Kapitel aufzeigen, dass Leistung immer uneindeutig und damit diskutabel ist.

Prozess in zwei Richtungen

- Gängige Praxis: Ziele werden in einem Top-down-Akt verordnet, wobei jede Hierarchiestufe als Druckventil fungiert.
- Zukunftsfähige Praxis: Eine Ziel*vereinbarung* ist eine Vereinbarung in zwei Richtungen. Lassen Sie dabei Ihrem Mitarbeiter die Hauptrolle. Es ist unendlich wertvoll, zu erkennen, welche Schwerpunktthemen er selbst setzt und wie ambitioniert er dabei vorgeht. Konzentriert er sich nur auf seinen Verantwortungsbereich oder in welchem Maß denkt er an das Ganze? Greifen Sie nur bei offensichtlichen Schieflagen ein.

Inhalte statt Anreize

- Gängige Praxis: Ziele und Zielvereinbarungen sind anreizgetrieben. »Schaffst du deinen Zielumsatz, winkt der Bonus.« »Noch 25 Neuabschlüsse, dann erhältst du eine Sonderzahlung.«

- Zukunftsfähige Praxis: Zielvereinbarungen können dann – und nur dann – einen Zweck erfüllen, wenn sie *inhalts*getrieben sind. Was sind die wesentlichen inhaltlichen Fragen, auf die es für die Weiterentwicklung des Bereiches oder der Abteilung in der nächsten Zeit ankommt und welchen Beitrag kann der Einzelne hierfür leisten?

Im Hinblick auf den ursprünglichen Zweck persönlicher Ziele – Orientierung für den Einzelnen zu geben – ist es besonders schädlich, dass sich die Praxis in vielen Unternehmen in unerträglichem Maß auf Zahlenziele konzentriert. Denn Zahlenziele schaffen keinen Rahmen für das Handeln von Führungskräften und Mitarbeitern im Unternehmen, geben also keine wirkliche Orientierung. Sie stellen keinen Bezug zu den inhaltlichen Themen her, die wir bearbeiten müssen, damit wir unser Unternehmen wettbewerbsfähig halten und erfolgreicher machen.

Besonders augenfällig wird diese widersinnige Logik, wenn sich die Zielvorgaben für einzelne Mitarbeiter aus dem Unternehmensergebnis zusammensetzen und somit für den Einzelnen völlig außerhalb seiner eigenen Beeinflussbarkeit liegen. Welchen Bezug hat die individuelle Arbeitsleistung – um deren Bewertung geht es ja bei Zielvereinbarungen – zum EBIT des Unternehmens insgesamt? Wie sollen er und sein Vorgesetzter damit arbeiten? Solche Zielvorgaben geben keine Orientierung, sondern schaffen Desorientierung. Selbst auf den Einzelnen heruntergebrochene Zahlen geben dem Mitarbeiter nicht die Antwort auf Fragen wie: Wie ist diese Zahl zustande gekommen? Oder ist das nur Wunschdenken oder Willkür? Welches Geschäftsmodell bildet die Grundlage für diese Zahl? Wie kann ich meine Vertriebsleistung so steigern, dass ich diese Zahl erreiche? Welche Rahmenbedingungen gibt mir mein Unternehmen, damit ich diese Zahl erreiche?

Sinnvolle Ziele werden in dem Bewusstsein vereinbart, dass Sie die Zukunft nicht voraussagen können. Sie lassen der Realität geschuldete Abweichungen zu. Sie engen nicht ein, sondern sie geben Gestaltungsspielraum.

Sinnvolle Ziele lassen Gestaltungsmöglichkeiten. Sie vermeiden verkrampfte Quantifizierungen und sind daher eher unscharf formuliert.

Sinnvolle Ziele animieren dazu, über den eigenen Tellerrand zu schauen und Lösungen gemeinsam mit Mitarbeitern aus anderen Abteilungen und Arbeitsbereichen zu erreichen. Sie steuern das Miteinander innerhalb des Unternehmens quer über alle Abteilungsgrenzen hinweg. Sie beziehen bei aller Individualität das Ganze des Unternehmens oder der Unternehmensgruppe ein und haben einen Bezug zur übergeordneten Ausrichtung des Unternehmens.

Sinnvolle Ziele animieren dazu, über den Tellerrand des eigenen Aufgabenbereiches hinauszuschauen.

4 | Aus Zielen wird ein Erwartungsabgleich

Wir sind der Auffassung, dass der Begriff »Zielvereinbarung« nach dieser Kernsanierung nicht mehr passt. Wir schlagen daher vor, ihn durch einen »Erwartungsabgleich« zu ersetzen.

Der Erwartungsabgleich wird zukünftig eines der wichtigsten Führungsinstrumente.

Ein wirksamer Erwartungsabgleich

- ist auf wenige »große« Themen konzentriert,
- vermeidet weitestgehend Quantifizierungen,
- hat den Charakter einer Begegnung zwischen zwei Gleichberechtigten und
- ist nicht anreiz-, sondern inhaltsgetrieben.

Dabei beziehen sich die Inhalte ausdrücklich auf den Orientierungsrahmen, den wir zuvor entwickelt haben: Wie zahlen die Themen auf das Zukunftsbild des Unternehmens und seine strategischen Ziele ein? Welches der Handlungsfelder wird adressiert?
So – und nur so – kann der Kern der Absicht des Führens durch Ziele verwirklicht werden: Orientierung für den Einzelnen zu stiften. Damit dies in der Praxis bestmöglich gelingt, braucht ein professioneller Erwartungsabgleich jedoch drei Zutaten.

Drei Zutaten für einen professionellen Erwartungsabgleich

Erstens: Der Erwartungsabgleich muss Klarheit schaffen. Es ist die Frage nach dem »Was«. *Was* erwarte ich von meinem Mitarbeiter? Leider bleiben viele Führungskräfte hier bei Allgemeinplätzen hängen, etwa: »Müller, ich erwarte, dass Sie sich nächstes Jahr mehr reinhängen.« Nun, reinhängen kann sich Müller auch in eine Hängematte. Niemand kann damit etwas anfangen. Eine klarere Erwartungshaltung wäre dagegen beispielsweise: »Müller, ich erwarte, dass Sie unser Key-Account-Management mit dem dazugehörigen Berichtswesen bis Ende des Jahres aufgebaut haben.« Müller weiß jedoch, wie viel Raum für Missverständnisse und damit Konfliktstoff selbst diese scheinbar klare Erwartungshaltung immer noch beinhaltet. Daher präzisiert er: »Ich gehe davon aus, dass wir schrittweise vorgehen und uns zunächst auf die wichtigsten zehn Kunden konzentrieren?« »Ja, so machen wir das.« Dann der entscheidende zweite Schritt: Müller hat das Wort Erwartungs*abgleich* genau gelesen und erkennt darin einen Prozess in *zwei* Richtungen. Also antwortet er: »Gut, dann habe ich Ihre Erwartungshaltung verstanden. Ich erwarte im Gegenzug drei Dinge: Wir werden zwei neue Key-Account-Manager einstellen müssen, damit das Konzept kein Papiertiger wird. Über die Anforderungsprofile habe ich mir schon Gedanken gemacht; bis morgen Abend haben Sie meinen Entwurf dazu. Dann werde ich Ihre Unterstützung benötigen bei der Ernennung der Verantwortlichen für die einzelnen Key Accounts, denn ich weiß aus vielen Gesprächen, dass es hier Präferenzen gibt, die wir nicht alle unter einen Hut bekommen können. Schließlich benötige ich die Hilfe von Schniedermeyer aus dem Controlling für den Aufbau des Berichtswesens. Ansonsten werde ich Ihre Erwartung nicht erfüllen können.«

Hand aufs Herz: Reden Sie und Ihre Mitarbeiter so miteinander? Die gute Nachricht ist: Es ist in keiner Weise schwierig umzusetzen, ganz im Gegenteil. Sie können sofort damit anfangen. Nicht nächsten Montag, jetzt sofort.

Schaffen Sie Klarheit darüber, was Sie voneinander erwarten.

Zweitens: Ein professioneller Erwartungsabgleich braucht Hintergrund. Es ist die Frage nach dem »Warum«. Wenn schon die Klarheit (was?) als erste Zutat Seltenheitswert hat, dann wird das Eis mit der Frage nach dem »Warum« noch dünner. Warum brauchen wir ein Key-Account-Management? Was hat zu dieser Überlegung geführt? Welche Erfahrungen aus unserer Praxis haben uns dazu veranlasst, diesen Schritt zu gehen? Welche Auswirkungen erwarten wir? Welchen Vorteil hat das Gesamtunternehmen? Wer solche Fragen beantwortet und damit Hintergrund liefert und Kontext schafft, wird vom Ausmaß der positiven Wirkungen fasziniert sein.

Begründen Sie Ihre Erwartungshaltung. Machen Sie es sich dabei nicht zu leicht.

Drittens: Der gegenseitige Abgleich von Erwartungen sollte durch Realismus geprägt sein. Nach dem »Was« und »Warum« ist jetzt das »Wie viel« angesprochen. In diesem Zusammenhang erscheint es uns dringend geboten, das weitverbreitete »Schneller! Höher! Weiter!« als sinnentleerten Unsinn klar zu benennen. Natürlich darf und sollte eine Erwartungshaltung ambitioniert sein. Aber gleichzeitig eben auch machbar. Eine Maßgabe wie »15 Prozent mehr geht immer« ist nicht nur unreflektiert; sie muss nach unserer Überzeugung abmahnungsfähig sein.

Gute Führungskräfte bringen Ambition und Augenmaß in Balance; dabei achten sie sehr auf den individuellen Kontext und die jeweiligen Bedingungen des Umfelds.

Im Übrigen weiß jeder erfahrene Praktiker, dass viele Entwicklungen ihr Momentum brauchen. Nicht alles, was wir uns wünschen oder was angezeigt ist, lässt sich immer direkt erreichen. Was damit gemeint ist, wird deutlich, wenn wir die europäisch-amerikanische der asiatischen Weise, Erwartungen abzugleichen, gegenüberstellen. In der europäischen Denktradition besteht Wirksamkeit darin, die direktesten Mittel zu finden und anzuwenden, um einen Zielzustand zu erreichen. Die asiatische Vorstellung konzentriert sich dagegen auf die Bedingungen, die erforderlich sind, um einem Zielzustand näher zu kommen. Analog: Die abendländische Medizin heilt die Krankheit, wenn sie da ist. Darauf ist unser gesamtes Krankenversicherungssystem aufgebaut. Die traditionelle chinesische Medizin heilt im Vorfeld, bevor das erste Symptom zu erkennen ist. Die chinesische Art, zu denken und zu handeln, spürt durch ständige Reflexion frühzeitig mögliche Ansätze für neue Geschäftsmodelle auf, macht die begünstigenden Faktoren dafür aus, arbeitet an diesen und lässt Zeit zum Reifen. Sie weiß, dass bei aller Anstrengung die Dinge auch ihre Zeit benötigen. »China zieht nicht an den Setzlingen, sondern profitiert vom Situationspotenzial«, so der französischen Sinologe François Jullien. Ein Erwartungsabgleich, der Orientierung in Zeiten gefühlter Unsicherheit gibt, kann sich von dieser asiatischen Art und Weise, mit der Zukunft umzugehen, einiges abschauen.

5 | Fazit

Wir haben in diesem zweiten Kapitel einen Orientierungsrahmen vorgelegt, der Sie bei Entscheidungen unterstützt, die in besonderem Maße anspruchsvoll und zugleich wichtig sind. Es sind diejenigen Entscheidungen, die sich auf die mittel- bis langfristige Ausrichtung Ihres Unternehmens beziehen. Der Durst nach dieser Form von Orientierung ist in den meisten Unternehmen riesengroß. Ihre Leute wollen wissen, wo die Reise des Unternehmens, jenseits des Tagesgeschäfts, hingeht. Wir haben Ihnen empfohlen, ein zigfach praxiserprobtes Gerüst zu nutzen, das folgende Elemente enthält:

- Das Zukunftsbild beantwortet auf einer Seite, wo und wofür Ihr Unternehmen in fünf Jahren steht.
- Eine Handvoll strategische Ziele konkretisieren das Zukunftsbild in einem ersten Schritt.
- Handlungsfelder beschreiben die Themen, die Sie in den nächsten ein bis drei Jahren »beackern« müssen, um den Anspruch des Zukunftsbildes auch mit Leben zu füllen.
- Schließlich beschreiben Sie mit sorgfältig priorisierten Maßnahmen, wer was bis wann in den nächsten sechs bis 18 Monaten zu erledigen hat.

Es hat sich sodann als erfolgskritisch herausgestellt, dass Sie sich einmal pro Jahr mit Ihrer Führungsmannschaft für zwei Tage zurückziehen, um dieses Gerüst zu verifizieren und dort, wo notwendig, an wichtige neue interne oder externe Entwicklungen anzupassen.
Zusätzlich wird es mit diesem Gerüst ungleich einfacher, sinnvolle persönliche Ziele zu vereinbaren, weil diese jetzt einen Bezug erhalten. Wer weiß, wohin sich das Gesamtunternehmen entwickelt und was wir tun müssen, um dem so formulierten Anspruch gerecht zu werden, kann auch mit seinem Mitarbeiter zwei bis drei Schwerpunktthemen herausarbeiten, die hierauf einzahlen und auf die sich der Mitarbeiter für den nächsten überschaubaren Zeitraum konzentriert.

Für die praktische Umsetzung dieser Orientierung für den Einzelnen haben wir mit dem Erwartungsabgleich ein Instrument eingeführt, das wir für besonders zukunftsfähig halten.
Schließlich haben wir empfohlen, neueste auf den Erkenntnissen der Gehirnforschung basierende Webtechnologien zu nutzen, damit ein Gesamtmonitoring entsteht, das die mittel- bis langfristige Weiterentwicklung Ihres Unternehmens zu einem sich fortlaufend erneuernden, weiterentwickelnden, anpassungsfähigen und optimierenden Prozess werden lässt. So kommen wir der Idealausprägung eines Unternehmens einen großen Schritt näher: dem lebenden Organismus.

Kapitel 3 | Organisieren

In nahezu jedem Unternehmen beklagen sich die Verantwortlichen darüber, dass die eigene Organisation zu starr und unflexibel sei, zu wenig anpassungsfähig, dass interne Rangeleien um Zuständigkeits- und Kompetenzfragen einen zu großen Stellenwert einnähmen. Insgesamt seien die anstehenden Aufgaben mit den Mechanismen der bestehenden Organisation nicht mehr oder nur noch mit äußerster Kraftanstrengung zu bewältigen. In buchstäblich *jeder* Organisation ist, in der einen oder anderen Ausprägung, eine Art Ohnmachtsgefühl in Bezug auf die Unzulänglichkeiten und Grenzen der bestehenden Organisation zu beobachten.

Schluss mit dem Gejammer: Die Unzufriedenheit mit der bestehenden Organisation ist genauso allgegenwärtig wie inakzeptabel.

1 | Die Organisation – ein notwendiges Übel

Organisationsgestaltung ist ein Übel und wird es immer bleiben. Sie strukturiert Aufgabenteilung und schafft zwangsläufig Hierarchien, Abstimmungsnotwendigkeiten, Schnittstellen und Reibungen. Die optimale Organisation gibt es nicht, sie ist Utopie. Die Suche nach ihr wird nie ein auch nur annähernd perfektes Ergebnis erzielen und stets

Kompromisse beinhalten. Gleichzeitig ist jedoch das Ausmaß langwieriger Debatten und quälender Diskussionen zu Fragen der inneren Organisation nicht akzeptabel. Kein Kunde zahlt für diese Nabelschau. Keinen Kunden interessiert es, warum Abteilung A nicht konstruktiv mit Abteilung B zusammenarbeitet.
Dabei hat Unternehmensorganisation, nüchtern betrachtet, nur diesen Zweck: Kundenanforderungen bestmöglich zu befriedigen und die Strategie des Unternehmens, also seine inhaltliche mittel- bis langfristige Ausrichtung, bestmöglich zu unterstützen.

Ernüchternder Befund

Die Praxis kommt diesem Anspruch mitnichten nahe; sie lässt sich zusammenfassend wie folgt beschreiben:

- Machterhalt, Grabenkriege und Individualinteressen dominieren die internen Organisationsdebatten.
- Der eigene Vorteil steht im Vordergrund. Das Denken für das Ganze, eine der Kernanforderungen an jede Führungskraft, kommt zu kurz oder findet überhaupt nicht statt.
- Geredet wird vorwiegend *über*einander, nicht *mit*einander. Auch in Chefetagen, deren Bewohner sich in der Folge über Vertrauensverluste in der Mannschaft wundern. Es ist bemerkenswert, wie viele Führungskräfte die Sichtbarkeit ihres eigenen (Nicht-) Handelns unterschätzen.
- Organisationen werden um vorhandene »Personen herumgebaut«. Dabei werden persönliche Vorlieben, Eitelkeiten und Egoismen über das Gesamtinteresse des Unternehmens gestellt.
- Das erforderliche Maß an Schnittstellen wird unnötig aufgebläht. Jede Schnittstelle bringt Reibungsverluste, Entscheidungsverzögerungen und Informationsasymmetrien mit sich.
- Es kommt dabei zu zahlreichen falsch verstandenen Rücksichtnahmen (»Müller-Lüdenscheid gehört nun schon seit zwölf

Jahren zum Kreis der Führungskräfte. Wir können ihn nicht degradieren«), die die Ineffektivität weiter steigern.

- Steht die Organisation einmal, scheint sie wie in Stein gemeißelt. Notwendige Veränderungen und Anpassungen zerschellen an der Giftmischung aus selbst verschuldeter Verstrickung in komplizierte Abläufe, Besitzstandsdenken und Status-quo-Bewahrung.
- Für das Miteinander innerhalb der Organisation werden wohlklingende Leitbilder und Führungsgrundsätze formuliert. Überall hängen sie unter Glas in den Firmenfluren. Das tatsächliche Führungs*handeln* steht allerdings selten damit in Einklang; oftmals liegt es nahe am Gegenteil dessen, was in schönen Worten proklamiert wird.

Ein ernüchternder Befund. Natürlich gibt es hiervon, wie immer, Ausnahmen. In mindestens acht von zehn Unternehmen trifft allerdings ein guter Teil dieses Befundes zu. Warum ist das so? Wir suchen eine Antwort im nächsten Abschnitt.

2 | Der Kern des Problems oder die klassische Art, Unternehmen zu managen

Um zu verstehen, warum es um viele Organisationen so bestellt ist wie eingangs geschildert, müssen wir einen deutlich weiteren zeitlichen Blickwinkel einnehmen:

Die Methoden, mit denen wir Unternehmen führen, stammen aus der ersten Hälfte des 20. Jahrhunderts.

Hierarchien sind zwar flacher geworden, Führungskräfte verfügen über mehr Sozialkompetenz, aber im Grunde hat sich, wie Managementautor Gary Hamel richtig feststellt, nicht viel an der Art und Weise geändert, mit »der Ihr Unternehmen Ressourcen zuteilt, Budgets festlegt, Macht verleiht, die Mitarbeiter belohnt und Entscheidungen fällt«. Die Art, wie wir Abläufe standardisieren und Skaleneffekte erzielen, stammt aus der Zeit Hermann Bahlsens und Henry Fords. »Die Prozesskostenanalyse ist ein Erbe der 1920er-Jahre. Die Grundlagen des Markenmanagements waren bis zum Ende der 1930er-Jahre allesamt erfunden. Organigramme großer Unternehmen sahen 1955 nicht anders aus als heute. Mit etwas Wohlwollen können wir das Toyota-Prinzip aus den 1960er-Jahren mit der systematischen Einbindung des Könnens und Wissens jedes Mitarbeiters als grundlegende Managementinnovation zählen. Danach kamen nur noch Ableitungen von Altbekanntem; Rekombinationen mit dem Ziel, Effizienz zu steigern«, wie Hamel ausführt.

Klassische Managementstrukturen sind teuer

Gary Hamel rechnet es vor. Nehmen wir an, das Verhältnis von Angestellten zu Managern ist eins zu neun, eine Führungsspanne, die gemeinhin als zielführend angesehen wird. Wenn wir uns nun eine Organisationsstruktur mit 100 000 Angestellten auf der untersten Ebene vorstellen, dann braucht es bei der gleichen Führungsspanne 11 111 Manager, also einen Chef für je neun Mitarbeiter, oder elf Prozent des gesamten Personals: Viele Manager, die Manager managen, die Angestellte managen. Wenn nur jeder dieser Manager dreimal so viel Gehalt bezieht wie ein einfacher Angestellter auf der untersten Ebene, würden die Kosten des Managements 33 Prozent der gesamten Gehaltskosten der Firma ausmachen. Und es gibt weitere Tausende Personen in hohen leitenden Funktionen in den Abteilungen IT, Finanzen, Personal und Planung. Deren wichtigste Aufgabe ist es, zu verhindern, dass das Unternehmen unter der Last seiner eigenen Komplexität zusammenbricht. Absurdes Theater.

Klassische Managementstrukturen bergen hohe Risiken

Wichtige Entscheidungen bergen immer ein hohes Risiko, aber in hierarchischen Strukturen ist das Risiko besonders hoch. Die leitenden Manager prüfen die Entscheidungen ihrer untergeordneten Manager, aber umgekehrt ist das nicht der Fall. Ja es ist noch paradoxer: Je wichtiger die Entscheidung, desto weniger Personen kontrollieren denjenigen, der sie trifft. Diejenigen, die einmal die Hierarchieleiter erklommen haben, werden faktisch unanfechtbar, bis hin zum Aufsichtsrat. Lassen Sie diese Leute »ganz oben« nur einmal den Boden unter den Füßen verlieren, so werden die Entscheidungen immer riskanter für das Unternehmen. Zumal die mächtigsten Männer – immer noch Männer, weniger Frauen – am weitesten von der Wirklichkeit des Geschäfts entfernt sind.

Klassische Managementstrukturen zementieren alte Denkweisen

Es liegt in der Natur klassischer Managementhierarchien und Karrierewege, dass langjährige Erfahrungen gegenüber neuen Denkweisen bevorzugt werden und dass Mitarbeiter keine Mitsprache bei der Auswahl von Führungskräften haben. Kurzum, wie Hamel hervorhebt, »dass die ungleiche Machtverteilung, die oft nicht auf besonderen Fähigkeiten beruht, fortlaufend erhalten bleibt, dass Manager durch Anreize ermuntert werden, immer mehr Autorität anzusammeln«.

Klassische Managementstrukturen blockieren und demotivieren

Mehrere Hierarchieebenen führen zu hohen Reibungsverlusten. Vorschläge, die von weit unten in einer Hierarchie kommen, werden von vielen Ebenen analysiert, verändert und zerstückelt. Dann treten sie im besten Fall wieder die Reise nach unten an, um zur Umsetzung zu gelangen. Übrig bleibt nichts oder höchstens eine völlig verfremdete und weichgespülte Idee. Dieser mühselige Prozess führt zu langen Entscheidungszyklen, ungenügenden Reaktionszeiten, verpassten Gelegenheiten und zur Untergrabung formeller Macht von Mitarbeitern.

Unsere Managementstrukturen sind in die Jahre gekommen. Wir spüren an allen Ecken und Enden, dass es nicht gelingt, mit den herkömmlichen Managementmethoden der Organisation die Dynamik und Flexibilität zu verleihen, die wir brauchen.

Die Gestaltungsaufgabe besteht darin, Auswucherungen des notwendigen Übels »Organisation« zu verhindern sowie die mit nach innen gerichteten Organisationsdebatten verbrachte Zeit zu minimieren. Und gleichzeitig ein Gebilde zu schaffen, das in höchstem Maße anpassungsfähig ist.

3 | Netzwerkbasierte Organisation als Lösung?

Ist eine reine Netzwerkorganisation also die empfehlenswerte Alternative? Wir könnten aus dem bisher Gesagten auch schlussfolgern, dass der Idealzustand die Nichtexistenz von Organisation ist.

Netzwerkorganisationen funktionieren – in Einzelfällen

Und in der Tat: Dass dies praktisch funktionieren kann, zeigen kleine Unternehmen, die mit mietbaren Produktionsumgebungen und modularen Callcenter-Angeboten große Unternehmen angreifen. Sie machen das Gleiche wie die Großen, schneiden ihr Angebot aber bedingungslos auf den Kunden zu und bedienen spezifischere und kleinere Zielgruppen. Eine Organisation brauchen sie nicht. Die kaufen sie sich bei Bedarf extern hinzu. Das Management besteht nur noch aus einer Plattform, die unterschiedliche Kompetenzen in immer wie-

der neuen Konstellationen projektweise bündelt und zusammenführt. Also eine rein netzwerkbasierte Struktur.
Weltumspannende Informations- und Kommunikationsnetzwerke sowie technologische Entwicklungen, die den Austausch riesiger Datenmengen in Echtzeit ermöglichen, scheinen diesen Trend zu verstärken. Es wird tendenziell unwichtiger, an welchem Ort sich jemand gerade physisch befindet. So arbeiten heute schon in unzähligen Unternehmen mehr als die Hälfte der Mitarbeiter außerhalb der Firmenzentrale, bei manchen Unternehmen liegt dieser Anteil bei über 90 Prozent. Telefon- und Videokonferenzen mit Teilnehmern aus unterschiedlichsten Zeitzonen gehören längst zur Tagesordnung. Und der viel diskutierte »Homeoffice-Tag« hat seinen Exotenstatus verloren und ist auf dem besten Wege, zum Standard individueller Arbeitsgestaltung zu werden – zumal die nachwachsende (Führungs-)Generation die tradierte Trennung von Arbeit hier und Freizeit dort ohnehin nicht mehr mitmacht.

Die soziale Bindekraft eines Unternehmens

Aber: Wir machen ein großes Fragezeichen an die rein netzwerkbasierte Form von Organisation, die ordnende Rahmen zwischen Menschen, die zusammenarbeiten, aufhebt und komplett losgelöst von Raum und Zeit agiert. Denn: Wie für alle Fragen, die wir in diesem Buch diskutieren, glauben wir auch hier, dass uns eine Schwarz-Weiß-Betrachtung nicht weiterbringt. Es entspricht unserer Erfahrung in unterschiedlichsten Zusammenhängen, dass Teams produktiver sind, wenn sie auch physisch zusammenarbeiten, sich begegnen und informell auch »zwischendurch« austauschen können, ihre Zusammenarbeit mithin auch physisch erlebbar wird. Die soziale Qualität eines Ortes, eines Raumes stärkt die Wahrnehmung von Zugehörigkeit. Die Bindekraft eines Unternehmenskerns stellt einen wichtigen Wettbewerbsfaktor dar, der nicht durch ein netzwerkbasiertes Unternehmen zu kompensieren ist.

Menschen brauchen Heimat, einen Ort, an dem Identifikation möglich ist, und andere Menschen, mit denen Zusammenarbeit spürbar wird.

4 | Wie es besser geht – Schlussfolgerungen für die Organisationsgestaltung

Im ersten Kapitel haben wir ausgeführt, dass es nur einen Parameter für Ihre Entscheidungen gibt: die Kundenlösung. Konsequent weitergedacht, hat dieses Denken erhebliche Auswirkungen auf die Ausgestaltung der Unternehmensorganisation. Es stellt die Kundenlösung als Ordnungskriterium über alles andere.

Das einzig legitime Ordnungskriterium für Ihre organisatorische Aufstellung ist die Kundenlösung.

Wir müssen uns organisatorisch so aufstellen, dass wir dem Idealzustand einer Lösungspartnerschaft mit unseren Kunden bestmöglich gerecht werden können.
Was heißt das nun für die praktische Umsetzung? Wenn wir die Kundenlösung als das einzig legitime Ordnungskriterium akzeptieren, ergeben sich grundlegende Schlussfolgerungen für die Organisationsgestaltung. Sehen wir uns die sechs wichtigsten im Folgenden an. Entlang dieser sechs Leitlinien entsteht eine Organisation, die nicht nur in Sonntagsreden von »Kundenorientierung« spricht, sondern diesem Anspruch auch im faktischen Handeln tatsächlich gerecht wird. Sie hat mit der heutigen organisatorischen Aufstellung der allermeisten Unternehmen wenig oder nichts zu tun.

Matrixorganisation vermeiden

Erstens: Vermeiden Sie Matrixorganisationen, soweit das irgendwie möglich ist.

Kein Kunde ist bereit, für die damit verbundenen Reibungsverluste, Informationshemmnisse und Unklarheiten zu bezahlen. Matrixorganisationen entstehen nach unserer praktischen Beobachtung in aller Regel durch faule Kompromisse und die mangelnde Bereitschaft oder Fähigkeit im Management, durch die konsequente Definition von Verantwortungsbereichen und Entscheidungsbefugnissen für die notwendige Klarheit zu sorgen. Die nötige Klarheit bedeutet auch, zu sagen, wer in bestimmten Fragen *nicht* das letzte Wort hat. Und genau damit tun sich viele Unternehmenslenker bemerkenswert schwer. In der Folge entstehen Matrixorganisationen, in denen beispielsweise Verantwortliche für Produkt- oder Geschäftsbereiche gleichberechtigt neben den Leitern der regionalen Einheiten stehen. Aber wer entscheidet? Wer setzt die Prioritäten? Wer trifft unangenehme Entscheidungen?

Lange als modern glorifiziert, haben sich Matrixorganisationen längst als unsteuerbare Monstren mit gewaltigen Reibungsverlusten entpuppt.

In vielen Unternehmen verlieren die Kunden schon dadurch den Überblick, dass die Anzahl der relevanten Ansprechpartner schier unendlich zu sein scheint. Matrixorganisationen leisten solcher Unklarheit Vorschub. Sehen wir uns ein Unternehmensbeispiel an.

MATRIXSTRUKTUR

Ein mittelständischer Anlagenbauer hat in den vergangenen Jahren seine Geschäftstätigkeit stark internationalisiert. Im Zuge dieser Entwicklung wird die bisherige Produktorganisation immer stärker aufgeweicht, und insbesondere die Chefs der Landesgesellschaften reklamieren weiter gehende Entscheidungskompetenzen. Zeitgleich werden sogenannte Branchenverantwortliche etabliert, die sich um die Geschäftsentwicklung einiger für das Unternehmen besonders wichtiger Branchen kümmern sollen. Über zwei Jahre gibt es keine klare Entscheidung, was das primäre Ordnungskriterium zukünftig sein soll – Produkte wie bisher, Branchen oder Länder/Regionen?

Die Geschäftsführung entscheidet sich nach langem Hin und Her für die schlechteste aller denkbaren Varianten: eine dreidimensionale Matrix. Enorme Reibungsverluste sind vorprogrammiert. Die Zusammenarbeit, die über Jahre hinweg mit ungewöhnlich wenig Reibungen funktionierte, wird schwieriger, und die Kunden werden irritierter. Das Unternehmen, erfolgsverwöhnt und Weltmarktführer in seiner Nische, gerät durch die fehlende Klarheit in der organisatorischen Aufstellung in eine ernst zu nehmende Schieflage.

Bis – endlich – eine klare Entscheidung getroffen und konsequent umgesetzt wird: Aus der einstigen Produktorganisation wird eine Regionalorganisation, die den einzelnen Länderchefs weitestgehende Entscheidungskompetenzen einräumt. Produkt- und Branchenverantwortliche fungieren jetzt als Dienstleister für die Länder, die die jeweiligen regionalen Märkte bearbeiten. In diesem Zusammenspiel zwischen Produkt- und Branchenkompetenz auf der einen und Länderzuständigkeiten auf der anderen Seite liegt immer noch der Keim einer Matrixorganisation. Umso wichtiger, dass die Positionen an der Spitze der Branchenkompetenzzentren und der Ländergesellschaften nur mit besten Führungskräften besetzt werden, die sich in der Vergangenheit in außergewöhnlicher Weise durch ein Denken an das *Gesamt*unternehmen ausgezeichnet haben. Dadurch und durch die eindeutige Klärung der Entscheidungskompetenzen zugunsten der Länder kann die schädliche Wirkung der Matrix gemildert werden. Ferner werden Key-Account-Manager als oberste Instanz für acht Schlüsselkunden benannt, die auf der ganzen Welt aktiv sind.

Das Übel der Matrixorganisation lässt sich nicht immer vollständig vermeiden. Wir müssen ihre schädliche Wirkung durch exzellente Führungskräfte an Schlüsselpositionen und klare Entscheidungskompetenzen abmildern.

So dezentral wie möglich

Zweitens: Dezentralisieren Sie die Leistungserstellung so weit wie möglich.
Die Frage, ob Aufgaben zentral oder dezentral wahrgenommen werden, gehört in fast jedem Unternehmen zum Standardrepertoire oft langwieriger und teilweise quälender Diskussionen zur Organisationsgestaltung. Das muss nicht sein. Denn aus Sicht der Kunden gilt in vielen Fällen: Je stärker die Aufgaben in Kundennähe wahrgenommen werden – also vor Ort dezentral –, desto besser. Das nachstehende Unternehmensbeispiel illustriert, dass der Grundsatz der radikalen Dezentralisierung von Aufgaben und Entscheidungskompetenzen Wachstum befördern kann.

RADIKALE DEZENTRALISIERUNG

Ein großer deutscher Mittelständler entwickelt in den 1990er-Jahren ein breit diversifiziertes Produktportfolio. Das Portfolio entsteht im Laufe der Unternehmensgeschichte aus einer Mischung von Zufall und der Gewissheit, dass eine solche Bandbreite das Unternehmen gegenüber Konjunkturschwankungen robuster mache. Was ein Vorteil sein soll, droht das Unternehmen bald auseinanderzureißen. Eine zentrale Unternehmensleitung, die tief in das operative Geschäft aller Bereiche eingreift, erweist sich als immer weniger in der Lage, die unterschiedlichen Interessen der Geschäftsfelder unter einen Hut zu bekommen.

Das Verlangen, die Entwicklungen in den unterschiedlichen Geschäftsfeldern ausschließlich zentral steuern zu wollen, führt zu langen Abstimmungsketten, einem Nadelöhr an der Spitze und somit zu langsamen Entscheidungen. Die Reibungsverluste verstärken sich, als der Vorstand folgerichtig eine zusätzliche Internationalisierungsstrategie beschließt.

Schließlich ringt sich das Unternehmen zu einer großen Umorganisation durch, die in der Geschichte des Familienunternehmens einzigartig ist. Die Leitung lässt seine Vertriebs- und Produktionsgesellschaften in stärkerer Eigenständigkeit und Eigenverantwortung und dezentralisiert das Unternehmen auf diese Weise. Eine strategische Holding steuert über festgelegte Business Reviews die Gruppe und greift nur dann tiefer in das operative Geschäft ein, wenn offensichtliche Schieflagen in der einen oder anderen Gruppengesellschaft zu beklagen sind. Die Loslösung von der Zentrale ist jedoch kein Selbstgänger. Über drei Jahre ziehen sich Diskussionen hin. Die Veränderung bedeutet einen Einschnitt in das Mark des stets zentral geführten Unternehmens. Fortan hat nicht mehr das Stammhaus das Sagen im operativen Geschäft, sondern die lokalen Einheiten; das Stammhaus beschränkt sich auf eine strategische Steuerungsfunktion.

Der Erfolg gibt ihnen recht. Binnen weniger Jahre entwickelt sich das Geschäft dank der großen Nähe der operativen Entscheidungszentren zu den Märkten rasant. Heute gehört es zu den größten und den wendigsten Unternehmen auf seinem Gebiet in Europa.

Gegen aufgeblähte Unternehmenszentralen

Nun braucht es natürlich gleichzeitig ein koordinierendes Zentrum, das Einzelaktivitäten und -entscheidungen im Sinne des dezentral aufgestellten Gesamtunternehmens optimiert. Wo aber die Grenze ziehen? Was gehört in die koordinierende Zentrale und was nicht?
Nach unserer Erfahrung sind etwa drei von vier Unternehmenszentralen überdimensioniert, zum Teil regelrecht aufgebläht. Für die Auflösung des Spannungsfelds zwischen zentraler und dezentraler Aufgabenwahrnehmung hilft der folgende praxiserprobte Ansatz: Zunächst sind gedanklich alle Aufgaben dezentral. Es gibt lediglich drei Gründe, warum eine Aufgabe, in Abweichung dieses Grundsatzes, zentral wahrgenommen werden sollte:

- Es handelt sich um eine übergreifende steuernde Aufgabe von strategischer Relevanz für das gesamte Unternehmen. So gehört die Koordinierung von Innovationsinitiativen, die an verschiedenen Stellen im Unternehmen durchgeführt werden und Relevanz für das gesamte Unternehmen haben, genauso in diese Kategorie wie die übergreifende Karriereplanung für die Führungskräfte.
- Durch die Aufgabenbündelung an einer Stelle entstehen signifikante wirtschaftliche Vorteile. Ein typisches Beispiel ist der zentrale Einkauf, mit dem durch Bündelungseffekte Preisvorteile bei Lieferanten realisiert werden können. Übrigens: Die Bündelung einer Aufgabe aus wirtschaftlichen Gründen muss nicht notwendigerweise in der Zentrale der Unternehmensgruppe erfolgen – warum muss beispielsweise die Lohnabrechnung am teuersten Standort erledigt werden?
- Schließlich können rechtliche Gründe für bestimmte Aufgaben eine zentrale Erledigung unabdingbar machen.

Wer sich konsequent entlang dieses Gerüsts bewegt, wird keine überdimensionierte Firmenzentrale erhalten, sondern schlagkräftige de-

zentrale Einheiten und ein schlank aufgestelltes steuerndes Zentrum. Ihre Kunden werden es Ihnen danken.
Sie glauben, dass dieses Beispiel illusorisch ist, weil damit ein Machtverlust der Zentrale einhergeht und die »Dinge aus dem Ruder laufen«? Mitnichten. Unser Beispiel ist eines von vielen deutschen mittelständischen Unternehmen, die spätestens im Rahmen der Globalisierung von Produktions- und Vertriebsprozessen seit den 1990er-Jahren den gleichen Weg gegangen sind.

Loslassen

Die geschilderte Veränderung findet vor allem in den Köpfen der Unternehmensleitung und der Führungskräfte der zweiten und dritten Ebene statt: Wozu bin ich überhaupt noch da? Verliere ich nicht die Bodenhaftung, wenn ich das Geschäft nur noch aus einem »Raumschiff« begleite? Wenn ich nicht mehr vor Ort sagen darf, welches Produkt wir auf den Markt geben und welches nicht, was habe ich dann eigentlich noch zu sagen?
Fragen Sie sich ehrlich, was Sie in den Vordergrund stellen: die Zementierung Ihrer eigenen Machtposition oder die gesunde Weiterentwicklung des Gesamtunternehmens. Erst die konsequente Übertragung der Verantwortung auf die Einzelgesellschaften brachte dem Unternehmen aus unserem Beispiel die Wachstumsimpulse, die es brauchte, um im Wettbewerb dauerhaft bestehen zu können.

Loslassen, Ihre Mannschaft konsequent in die Verantwortung lassen und Leistung einfordern: Das schafft den Freiraum, der Wachstum ermöglicht.

Kleine Einheiten etablieren

Drittens: Etablieren Sie kleinstmögliche Einheiten, die mit einem Höchstmaß an Eigenverantwortung ausgestattet sind.

Diese Leitlinie ist eng mit dem vorgenannten Punkt verbunden. Zu den Erfahrungen, die sich wie ein roter Faden durch unsere praktische Arbeit ziehen, gehört folgende Beobachtung: Je größer Organisationen und ihre Einheiten werden, desto anfälliger werden sie tendenziell für Ineffektivität, Selbstbeschäftigung, Entfremdung der Menschen, die in ihnen arbeiten, lähmende Überreglementierung und Verschwendung. Hans-Olaf Henkel hat diesen Zusammenhang pointiert dargestellt: »Ich bin (...) davon überzeugt, dass eine Verwaltung, egal ob staatlich oder privat, ab einer Mitarbeiterzahl von 1500 keine Aufträge mehr von außen braucht, um sich selbst beschäftigt zu halten. Ein solcher Apparat kann sich seine Arbeit selbst generieren.« Kleine, eigenverantwortliche Einheiten sind tendenziell näher an ihren jeweiligen Kunden, tun sich leichter damit, besondere Kundenwünsche zu erfüllen, und reagieren schneller und flexibler auf Veränderungen im Markt- und Wettbewerbsumfeld. Natürlich gilt gleichzeitig, sozusagen als Gegenstück dieser Überlegung, dass die Einheiten groß genug sein müssen, um selbständig agieren zu können.

Auch diese Leitlinie wollen wir durch ein Beispiel illustrieren. In diesem Fall ist es kein Unternehmensbeispiel, sondern ein Versuch, von dem wir vor einiger Zeit lasen und der unsere Empfehlung für kleinstmögliche Einheiten anschaulich untermauert. Beim Tauziehen wurde die physikalische Leistung auf beiden Seiten gemessen. Als zunächst zwei Personen zum individuellen »Mann gegen Mann« antraten, brachte jeder eine Leistung, die einer Zugkraft von 65 Kilogramm entspricht. Als darauf auf jeder Seite drei Männer am Tau eingesetzt wurden, zog jeder noch mit 52 Kilogramm – eine Ergebnisverschlechterung um satte 20 Prozent! Schließlich sank bei jeweils acht Männern die Leistung um weitere 27 Prozent auf 38 Kilogramm.

Sie haben Zweifel an der Relevanz dieses Versuchs? Dann lassen Sie bitte Ihre Besprechungen der letzten Monate Revue passieren und vergleichen Sie die Qualität und die Ergebnisse derjenigen, an denen drei bis sechs Menschen teilnahmen, mit den Besprechungen, die mit zehn und mehr Personen durchgeführt wurden.

Echte Lösungspartnerschaften aufbauen

Viertens: Etablieren Sie mit Ihren wichtigsten Kunden echte Lösungspartnerschaften.

Dies sind in der Regel diejenigen Kunden, mit denen Sie heute oder perspektivisch ein hohes Geschäftsvolumen bearbeiten oder die aus anderen, strategischen Überlegungen eine besondere Bedeutung für die Weiterentwicklung Ihres Unternehmens besitzen (beispielsweise der erste Kunde in einem neu erschlossenen Markt). Eine Lösungspartnerschaft geht deutlich darüber hinaus, ein Key-Account-Management einzuführen. Letzteres ist hinlänglich diskutiert und beschrieben. Danach bestehen die wesentlichen Aufgaben des für einen Schlüsselkunden verantwortlichen Key-Account-Managers darin,

- alle Aktivitäten des Unternehmens mit diesem Kunden zu koordinieren und aufeinander abzustimmen,
- die Ressourcen im eigenen Unternehmen so einzusetzen, dass die Zusammenarbeit mit dem Schlüsselkunden bestmöglich unterstützt wird,
- für eine schlüssige Kommunikation zum Kundenunternehmen und nach innen zu sorgen,
- die Ergebnisse der Zusammenarbeit nachzuhalten,
- Vorschläge für die Weiterentwicklung der gemeinsamen Geschäftstätigkeit zu erarbeiten,
- die intimen Kenntnisse der Kundenorganisation und der dort handelnden Personen innerhalb des eigenen Unternehmens zu teilen,
- zur Lösung von Reibungen in der Zusammenarbeit mit dem Kunden maßgeblich beizutragen,
- als *der* Ansprechpartner für den Kunden zu fungieren.

Zwar haben zahlreiche Unternehmen in den vergangenen Jahren ein Key-Account-Management formal eingeführt. Die informellen Regeln und Machtverhältnisse machen es den Key-Account-Managern allerdings schwer bis unmöglich, ihrer Aufgabe im oben dargestellten Sinne nachzukommen. Interne Linienmanager und Landesfürsten torpedieren immer wieder den Versuch, alle Geschäftstätigkeiten mit einem Schlüsselkunden sinnvoll zu koordinieren, und unterwandern dieses Vorhaben mit eigenen Aktivitäten, von denen niemand Kenntnis hat. Wer hat nicht schon einmal die legendäre Situation erlebt, in der ein Unternehmensvertreter am Vormittag bei einem Schlüsselkunden auftritt und ein anderer, sein Kollege aus der Nachbarabteilung, am Nachmittag. Natürlich unabgestimmt und nicht selten mit widersprüchlichen Aussagen. Es kann lange dauern, solche Patzer auszugleichen. Kundenlösungspartnerschaft ernst nehmen bedeutet, dieses Verhalten zu beenden und umzudrehen. Der Key-Account-Manager ist der oberste Entscheider in allen den Kunden betreffenden Fragen. Linien- und Landesmanager berichten dann an ihn. Vertrauen Sie diese Aufgabe Ihren besten Leuten an.

Das Geschäft gemeinsam mit den Kunden entwickeln

Mit unserem Ansatz der wechselseitigen Lösungspartnerschaft gehen wir jedoch einen deutlichen Schritt weiter und verbinden mit guten Key-Account-Managern den Anspruch, dass sie das Geschäft mit »ihren« Kunden *gemeinsam* weiterentwickeln. In gemeinsamen Workshops werfen sie einen Blick auf das kommende Geschäftsjahr und stecken die Eckpfeiler der Zusammenarbeit ab. Gleichzeitig entwerfen sie eine gemeinsame Perspektive auf die mittelfristige Weiterentwicklung der Partnerschaft. Übrigens: So zu arbeiten, ist hochgradig befriedigend. Es macht richtig Spaß.

Die gängige Praxis ist hiervon in mindestens acht von zehn Fällen weit entfernt. Wenn sogenannte Key-Account-Manager ihre Schlüsselkunden von Zeit zu Zeit für einen eineinhalbstündigen Termin treffen, heißt die dahinter liegende Haltung: »Ich muss den Kontakt pflegen.« Das ist selbstreferenziell und bringt niemanden weiter. Stattdessen: Führen Sie einmal im Jahr je einen eineinhalbtägigen Workshop unter erfahrener Moderation mit jedem Ihrer wichtigsten Kunden durch, in dessen Rahmen Sie unter anderem die folgenden Leitfragen gemeinsam erörtern:

- Welche Themen beschäftigen Sie zurzeit? Welche Erkenntnisse haben Sie aus unserem letzten Workshop gewonnen und umsetzen können?
- Was sind die Herausforderungen Ihres Geschäftsmodells (in Gesprächen mit der Unternehmensleitung) oder Ihres Bereiches (in Gesprächen mit Abteilungs- oder Bereichsleitern)?
- Wie können wir Sie bestmöglich unterstützen? Wo machen wir die Dinge zurzeit unnötig kompliziert? Wo zwingen wir Sie womöglich, Probleme zu lösen, die eigentlich unsere sind?

Mit einem Beitrag eines hochkarätigen Branchenkenners, der die zukünftigen Trends Ihres Geschäftsfelds aufzeigt, kann ein solcher Workshop eingeleitet werden. Dieses knappe, thesenartige Impulsreferat stellt den Auftakt zu einer intensiven Diskussion zur Zukunft Ihrer Branche dar. Dieser Referent darf ruhig einiges kosten. Der Mehrwert für Ihren Kunden und damit für Ihre Beziehung mit ihm darf Ihnen das wert sein und wird einen vielfach höheren Ertrag bringen.
Die hiermit verbundene Haltung lautet: »Was kann ich meinem Kunden bieten, was er an anderer Stelle nicht erhält?« »Was bringt meinen Kunden voran und wie können wir zum beiderseitigen Vorteil hierzu beitragen?« Mit dieser Haltung ist es übrigens ausgeschlossen, dass solche Workshops zu einer Verkaufsshow für die eigenen Produkte und Dienstleistungen mutieren und damit an Glaubwürdigkeit verlieren. Der Kunde spürt nur eines: Dass Sie sich wirklich für ihn interessieren und es Ihnen Freude macht, sich in seine Haut zu versetzen.

Key-Account-Management heute: anderthalb Stunden Termin zur Kontaktpflege und Kaffee trinken.

Lösungspartnerschaft morgen: anderthalb Tage Workshop zur gemeinsamen Reflexion über das Geschäft und über die zukünftige Zusammenarbeit.

Verlangen Sie Ihren Key-Account-Managern ab, echte Lösungspartnerschaften aufzubauen. Für die meisten Unternehmen liegt hier ein enormes, weitgehend brachliegendes Geschäftspotenzial.

Stellenbeschreibungen entsorgen

Fünftens: Entsorgen Sie Stellenbeschreibungen.
Sie sind Gift für jede Organisation. Auch ihr Verbreitungsgrad von nahezu 100 Prozent ändert daran nichts. Schon der Begriff der Stelle ist vielsagend: statisch, verstaubt, inflexibel, langweilig, formalistisch, undynamisch, inkompatibel mit Veränderungen. Wer mit Stellenbeschreibungen arbeitet, sollte sich über drei wesentliche Folgewirkungen im Klaren sein:

- Stellenbeschreibungen leisten dem trügerischen Eindruck Vorschub, dass ein Unternehmen ein statisches Gebilde ist. Stellen und Stellenbeschreibungen kommen aus einer Zeit, in der Unternehmen wie Maschinen gestaltet wurden: mechanisch mit ineinandergreifenden Zahnrädern. Fällt ein Zahnrad aus, musste es eins zu eins ersetzt werden. Charlie Chaplins Film *Modern Times* lässt grüßen. Diese Vorstellung ignoriert die Tatsache, dass Unternehmen einem ständigen Veränderungsprozess unterliegen. Wer sagt, dass eine frei gewordene Stelle mit der gleichen Aufgabenzuweisung »nach«besetzt werden muss? Die seltsame Frage »Wer kommt an deine Stelle?« ist Ausdruck dieses Missverständnisses.

- Stellenbeschreibungen lenken den Blick auf die Frage, wer formal zuständig ist – nicht, wer für die Erledigung einer Aufgabe am besten geeignet ist.
- Es wird nur noch einseitig geschaut, wer zu der Stelle passt. Die Stelle war eben schon da, samt ausführlicher Beschreibung. Also haben sich die Menschen daran anzupassen. Es wäre schon großer Zufall, wenn individuelle Stärken innerhalb der einbetonierten Stellengrenzen zur vollen Entfaltung kommen.

Stellen- und Funktionsbeschreibungen geben trügerische Sicherheit

Wir haben den Eindruck, Stellenbeschreibungen adressieren den großen Durst nach Sicherheit. Tatsächlich entstehen Scheinsicherheiten, und die Organisation wird gelähmt. In Zeiten, in denen wir immer stärker lernen müssen, Unsicherheiten auszuhalten, erscheinen Stellenbeschreibungen anachronistischer denn je.
Ganz ähnlich verhält es sich mit Funktionsbeschreibungen. Auch hier ist die Sprachwahl interessant: Mitarbeiter funktionieren, und das wird beschrieben. Wunderbar. Wer immer noch glaubt, hiermit in turbulenten Wettbewerbsmärkten, in denen wir lernen müssen, mit Unsicherheit umzugehen und Widersprüche auszuhalten, irgendeinen Unterschied zu machen, der ist auf dem Holzweg.

Ersetzen Sie Stellenbeschreibungen durch einen Abgleich der gegenseitigen Erwartungen.

Wir sollten uns bewusst machen, dass diese (und viele andere) Instrumente aus der Not geboren sind. Die Not besteht im Fall von Stellenbeschreibungen darin, dass Führungskräfte einer ihrer wichtigsten Führungsaufgaben nicht oder nur unzureichend nachkommen: Übergreifende Zusammenarbeit ermöglichen und dabei auftretende Konflikte auflösen.

»Welche Erwartungen haben wir an unsere zukünftige Zusammenarbeit?« Beantworten Sie diese Frage im Dialog mit Ihrem Mitarbeiter gründlich und halten Sie die beidseitigen Erwartungen schriftlich fest. Wir haben im zweiten Kapitel erläutert, welche Zutaten – Klarheit, Hintergrund und Realismus – ein professioneller Erwartungsabgleich benötigt. Reflektieren Sie diese Vereinbarung mindestens einmal pro Jahr sorgfältig und nehmen Sie Anpassungen vor, wo erforderlich. Da wir in unserem eigenen Unternehmen seit Jahren so verfahren, wissen wir um die verpflichtende Wirkung dieses Vorgehens.

Erwartungsabgleiche statt Arbeitsverträge

Wir gehen noch einen Schritt weiter: Der Erwartungsabgleich ersetzt, konsequent zu Ende gedacht, den Arbeitsvertrag klassischer Prägung. Dieser ist das Papier nicht wert, auf dem er steht. Für den rein hypothetischen Fall, dass Sie jetzt skeptisch sein sollten (oder Herzrasen bekommen, weil Sie Arbeitsrechtler sind), lesen Sie sich Ihren eigenen Arbeitsvertrag einmal kritisch durch. Wir gehen jede Wette ein, dass dort auf (zu) vielen Seiten jede erdenkliche Situation auf ihre rechtlichen Konsequenzen hin durchleuchtet wird (übrigens, je länger Ihr Arbeitsvertrag ist, desto skeptischer sollten Sie sein) – dabei gilt das geschriebene und gesprochene deutsche Arbeitsrecht sowieso. In nur sehr wenigen Zeilen wird erwähnt, welche Aufgaben Sie eigentlich erledigen sollen. Meist nicht mehr als eine Funktionsbezeichnung. Was von Ihnen erwartet wird – und welche Erwartungen Sie an die neue Aufgabe und die Bedingungen zu ihrer bestmöglichen Erfüllung haben –, ist mit keiner Silbe erwähnt.

Organigramme abschaffen

Sechstens: Schaffen Sie Ihre Organigramme ab.
Uns ist bewusst, dass auch diese letzte Schlussfolgerung natürliche Abwehrreflexe hervorruft (»Aber ich muss doch mein Unternehmen irgendwie organisieren«, »Da bricht doch das Chaos aus«, »Anarchie und Laisser-faire sind keine Lösung«). Wir bitten Sie dennoch, sich unsere Argumentation offen anzuschauen und zunächst folgenden Gedanken zu prüfen.
Organigramme sind unwichtig. Und zwar aus folgenden Gründen:

- Die Effektivität einer Organisation entscheidet sich weitgehend in den Beziehungen *zwischen* den Verantwortungsbereichen; nicht *innerhalb* der einzelnen Kästchen des Organigramms. Auf den – nicht vorhandenen – Linien *zwischen* den Kästchen »spielt die Musik«. *Hier* entscheidet sich, was überwiegt: konstruktive Zusammenarbeit oder destruktives Gegeneinander, das Teilen von Informationen und Erfahrungen oder das Bunkern wertvoller Erkenntnisse und Abschottung, Handeln im Gesamtinteresse der Organisation oder Selbstoptimierung.
- Projekte, die in den meisten Unternehmen einen immer größeren Stellenwert einnehmen, werden durch kein Organigramm dargestellt.
- Die Qualität des Führungshandelns – wichtigster Schmierstoff jeder Organisation und maßgebend für deren Leistungskraft und Vitalität – kann ebenfalls nicht abgebildet werden.
- Schließlich, besonders relevant für unsere Betrachtungsweise, fehlt vollständig die Kundensicht. Organigramme dokumentieren das nach innen gerichtete Denken, für das kein Kunde zahlt.

Neben diesen praktischen Gründen lohnt sich ein grundsätzlicher Blick auf die Entstehungsgeschichte von Organigrammen. Wir haben es zu Beginn des Kapitels ausgeführt: Größer werdende Organisatio-

nen warfen zu Beginn des 20. Jahrhunderts zunehmend die Frage auf, wie Massenprozesse arbeitsteilig möglichst effizient organisiert werden können und wie die Koordination zwischen tausenden Beschäftigten an mehreren Standorten sichergestellt werden kann. Frederick Winslow Taylor beschrieb zu dieser Zeit in seiner »wissenschaftlichen Betriebsführung« die damit einhergehenden Effizienzverluste und suchte nach Lösungswegen. Effizienz wurde zum vorherrschenden Paradigma des sich entwickelnden Managements, das stark bis in unsere heutige Zeit hineinreicht. Es ist unbestritten, dass erhebliche Produktivitätssteigerungen in allen maßgeblichen Volkswirtschaften die Folge waren. Allerdings stieg auch in gleichem Maße die Bürokratie mit: in Form genormter Routineabläufe, genau definierter Stellenbeschreibungen, hierarchischer Berichterstattung – und eben in Form von Organigrammen.
Insofern haben Organigramme über Jahrzehnte gute Dienste geleistet. Nun ist ihre Zeit vorbei. Sie sind angesichts der Herausforderungen, die vor uns liegen – mit Unsicherheit und Widersprüchen umgehen, hohe Anpassungsfähigkeit gewährleisten, Zusammenarbeit in wechselnden Themen und Teams nach innen ermöglichen –, ein einziger Anachronismus.

Organigramme gaukeln eine Berechenbarkeit vor, die es nicht gibt. Sie sind ein veraltetes Abbild überholter, zukunftsfeindlicher Organisationsstrukturen.

Abbildung 2: Die Zeit der Organigramme ist vorbei

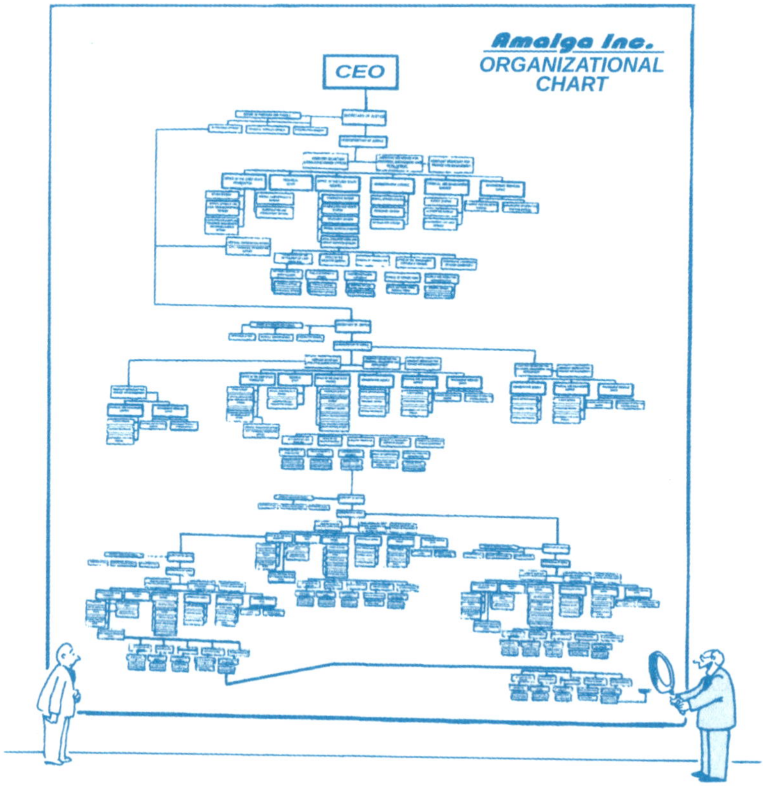

»Here you are, Simmons!«

(Quelle: CartoonStock, Artist: Roy Delgado, Search ID: rde9793)

5 | Fazit

Dass wir unsere Kunden »in den Mittelpunkt« stellen, fehlt in keiner Sonntagsrede über die Entwicklung der eigenen Organisation. Gleichzeitig sind die quälenden, endlosen Organisationsdebatten von Grabenkriegen, Partikularinteressen, Machtspielen und der Absicherung des eigenen Vorteils bestimmt. Der Kunde kommt darin nicht vor.

Lassen Sie uns dieses unwürdige Schauspiel beenden und die Kundenlösung *tatsächlich* als oberstes Ordnungskriterium für die Gestaltung der eigenen Organisation etablieren. Für die praktische Umsetzung dieser Haltung haben wir sechs Empfehlungen vorgelegt:

- Vermeiden Sie zunächst unbedingt eine Matrixorganisation mit deren eingebauten Unklarheiten und Reibungsverlusten.
- Dezentralisieren Sie Ihre Leistungserstellung so weit wie möglich. Keine zentralistische Krake kann nahe am Kunden sein.
- Etablieren Sie kleine Einheiten, die – ausgestattet mit dem Höchstmaß an Handlungsfreiheiten und Entscheidungskompetenzen – ihren jeweiligen Markt bedienen.
- Machen Sie aus dem typischen Key-Account-Management echte Lösungspartnerschaften mit Ihren wichtigsten Kunden, in denen Sie die zukünftige Geschäftstätigkeit gemeinsam entwickeln.
- Entsorgen Sie Stellenbeschreibungen, die lediglich eines bewirken: Die Starrheit der Organisation weiter festigen.
- Werfen Sie Ihre Organigramme weg. Sie schaffen starre Strukturen, die nicht mehr zielführend sind.

Kapitel 4 | Zusammenarbeiten

1 | Das Dynamogramm

Wir haben dargestellt, dass die innere Verfassung vieler Organisationen durch überalterte Managementpraxen, Selbstoptimierung, Besitzstandswahrung und Kästchendenken gekennzeichnet ist. Das Organigramm ist Abbild dieses Zustands.
Hiermit entsorgen wir das Organigramm. Was aber stattdessen? Wir teilen die Auffassung, dass die Darstellung einer Organisation über eine Grafik (altgriechisch »diagramm« = Figur, Symbol) eine orientierende Wirkung haben kann. Gleichzeitig wollen wir sie verbinden mit der Einsicht, dass jede Form von Organisation mehr denn je dynamisch und veränderungsbereit sein muss, um wettbewerbsfähig sein zu können (altgriechisch »dýnamis« = Kraft, Schwung).

Wir ersetzen das Organigramm durch das Dynamogramm.

Das Dynamogramm ist auf den Kunden ausgerichtet. Seine organisatorischen Einzelelemente (= Abteilungen) verstehen sich als Lösungsteile zum Kunden hin. Die nachfolgende Abbildung illustriert unseren Vorschlag.
Was sind die wesentlichen Merkmale des Dynamogramms?

Abbildung 3: Dynamogramm™

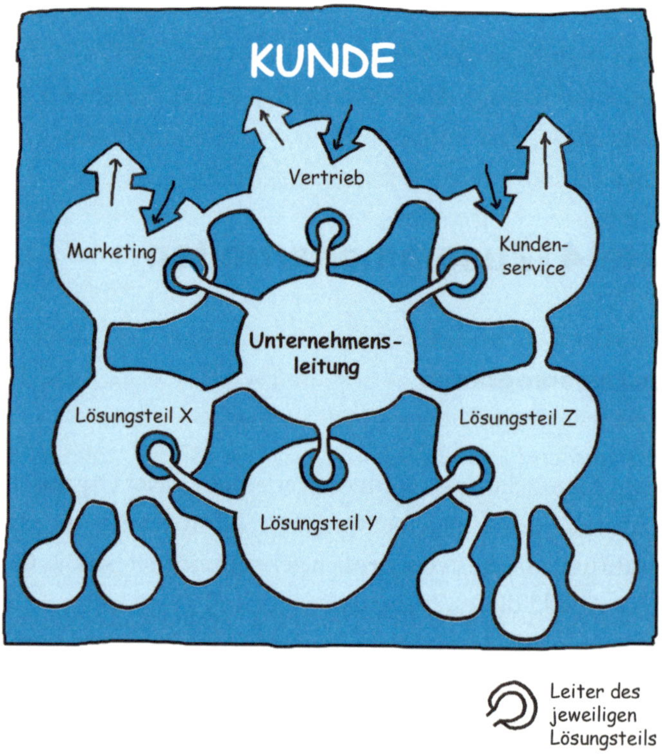

Außen- statt Innenorientierung

Ein nach dem Dynamogramm organisiertes Unternehmen ist zum Kunden hin orientiert. Alles Wirken ist danach ausgerichtet, *Kundenlösungen* zu schaffen. Dabei haben die Lösungsteile Vertrieb, Marketing und Kundenservice eine große Nähe zum Kunden. Das heißt übrigens nicht, dass diese Aufgaben in der internen Organisation besondere Rechte genießen. Sie sind in diesem Sinne auch nicht wichtiger oder wertvoller als andere Lösungsteile des Unternehmens. Dennoch: Es sind die kundennahen Lösungsteile, die die wesentlichen eigenen Geschäftsprozesse, Aufgaben und Prioritäten treiben. Gerade in vielen von hoher Ingenieurskunst dominierten deutschen Unternehmen ist dies (noch) nicht der Fall.

Dynamik statt Statik

Besonders wichtig ist die Dynamik unseres Modells (die auf einem Blatt Papier nur bedingt dargestellt werden kann). Sie ist im Kern dadurch begründet, dass unsere Kunden – Bezugspunkt allen Wirkens im eigenen Unternehmen – selbst einem ständigen Veränderungsprozess unterliegen, der beispielsweise in der Person neuer Führungskräfte, in neuen Anforderungen oder neuen Produkten zum Ausdruck kommt. Deshalb werden die einzelnen Bausteine des Dynamogramms immer wieder ihre Größe verändern, es kommt zu Verschiebungen in alle denkbaren Richtungen. So wie im *lebenden Organismus.* Das ist es, was ein lebendiges Unternehmen ausmacht.
Bis heute werden Organisationsänderungen dadurch dokumentiert, dass die entsprechenden Organigramme auf PowerPoint-Folien – stets mit einer zeitlichen Verzögerung von mehreren Wochen – aktualisiert werden. Es dauert dann weitere zwei bis sechs Monate, bis alle Abteilungen den jeweils aktuellen Foliensatz benutzen. Die Statik und mangelnde Dynamik dieses alten Organisationsdenkens könnten anschaulicher kaum zutage treten. Zukünftig werden hingegen Möglichkeiten der dynamischen Abbildung entstehen, die den Charakter des Unternehmens als lebendigen Organismus mit den erwähnten ständigen Veränderungen darstellen helfen.

Konnektivität statt Inseldenken

Die klassisch-hierarchische Denkprägung (klassisches Organigramm) wird ersetzt durch gleichberechtigte *Zusammenarbeit.* Gleichzeitig ist auch das Dynamogramm keine hierarchiefreie Zone. Das ist Utopia. Wir brauchen Arbeitsteilung und Knotenpunkte, die disziplinieren, steuern und disziplinarische Verantwortung haben. Anders lässt sich Zusammenarbeit nicht gestalten.

Intelligenz der vielen statt Hierarchiemonopol

Ein über das Dynamogramm organisiertes Unternehmen will die Ideen und Anregungen der Menschen im Unternehmen herauslocken und im Sinne des Kunden zur Entfaltung bringen. Hierarchisch aufgebaute Berichtsstrukturen und lange Abstimmungswege ersticken Neues. Das Dynamogramm ist zwar keine hierarchiefreie Zone, denn die Unternehmensleitung im Mittelpunkt entscheidet. Sie verzichtet aber bewusst auf detaillierte Prozessbeschreibungen, die Ausdruck des Misstrauens sind sowie Neues und Ungewohntes auf dem Altar der Sicherheit und Ruhe opfern. Es ruft die Menschen im Unternehmen dazu auf, sich über das Produkt, seine Herstellung und seine Verbreitung ständig Gedanken zu machen und diese einzubringen. Die besten Ideen und Anregungen zählen, nicht, wer in welcher hierarchischen Position was gesagt hat. Eine die Ideen und Anregungen koordinierende Person sorgt dafür, dass diese gehoben, auf deren Verwertbarkeit hin analysiert, bekannt gemacht und zur Umsetzung gebracht werden.

Veränderungsbereitschaft statt Zementieren von Strukturen

Die mit der Einführung des Dynamogramms einhergehenden Veränderungen werden nicht durch die Unternehmensleitung verkündet (überholtes Verständnis eines Organigramms), sondern *jeder* im Unternehmen wirkt hieran mit. So wie Synapsen im Gehirn bringt jeder in seiner Interaktion mit anderen neue Strukturen hervor, die alte und überholte ersetzen. Dabei orientiert sich jeder einzig an Kundenlösungen und ignoriert die eigenen Abteilungs- und Bereichsgrenzen oder sonstige Hürden. Auf diese Weise werden aus passiven Empfängern unzähliger *Change-Management*-Initiativen aktive Gestalter – Autoren – notwendiger Veränderungen.

Unternehmensleitung als Zentrum statt Herrschaftsthron

Die Unternehmensleitung steht nicht »oben«, sondern befindet sich in der Mitte. Auch dieser Unterschied ist weit mehr als grafische Haarspalterei. Während Organigramme im Kern hierarchische Befehlsweitergabe abbilden, werden im Dynamogramm die vornehmlichen Aufgaben der Unternehmensleitung illustriert: Zusammenarbeit nach innen ermöglichen, dabei Prioritäten im Sinne des Ganzen setzen, auftretende Konflikte schnellstmöglich lösen, die etablierte Art des Zusammenwirkens fortlaufend hinterfragen – und zwar im Sinne ihrer Zweckmäßigkeit, bestmögliche Kundenlösungen zu schaffen. Wie eine Spinne im Netz achtet die Unternehmensleitung darauf, dass der dynamische Organismus Unternehmen auf das Kundeninteresse ausgerichtet ist und bleibt sowie die Zusammenarbeit im Inneren so gut wie möglich funktioniert.

Die Unternehmensleitung ist letztverantwortliche Dienerin des Unternehmens, die überzeugen muss; nicht oberste »Vor-Gesetzte« mit umfassenden Machtbefugnissen, die durchregiert.

Sie wird in ihren Aufgaben unterstützt von Führungspersönlichkeiten, die Verantwortung dafür übernehmen, dass die dem Dynamogramm innewohnende Haltung im gesamten Unternehmen lebt. Wichtigste Aufgaben von Unternehmensleitung und Führungskräften im Dynamogramm sind,

- dieses anspruchsvolle Gebilde funktionsfähig zu halten, es zusammenzuhalten;
- zu verhindern, dass es zu einer Anarchie verkommt, also Leitplanken zu setzen, die Orientierung geben;
- immer wieder an das oben beschriebene Zukunftsbild und die strategischen Ziele zu erinnern, die die Führungskräfte gemeinsam entwickelt haben und die den roten Faden bilden,

an dem sich Unternehmen und dessen Organisation ausrichten;
- ein Führungsverständnis als unverzichtbaren Bestandteil des Dynamogramms zu verankern, das Verbindlichkeit schafft, die stärker sind als klassische HR-Instrumente, die sich als nicht tauglich und wirkungslos herausgestellt haben.

Mit dem Dynamogramm als Organisationsform sind wir im Herzstück dieses Buchs angelangt. Alles, was wir vorher beschrieben haben und was wir in den folgenden Kapiteln noch ausführen, vergegenständlicht sich in diesem Bild.

Das Dynamogramm ist Abbild eines veränderten Verständnisses von Organisation. Es beschreibt die Lösung dafür, wie Unternehmen heute erfolgreich sein können.

Wir stoßen mit dem Vorschlag des Dynamogramms auf große Offenheit bei unseren Gesprächspartnern. Jeder scheint zu spüren, dass es mit der traditionellen Verfassung der eigenen Organisation nicht mehr lange gut geht. Andererseits scheint niemand klar zu wissen, wie es besser gehen und trotzdem praktikabel sein kann. In den folgenden Teilen des Buchs beschreiben wir, wie Sie die wichtigen Eigenschaften des Dynamogramms in Ihre betriebliche Realität übersetzen können und sich Ihre Organisation diesem Bild annähert.
Die unmittelbaren Konsequenzen unseres Ansatzes erläutern wir in den nächsten Abschnitten dieses Kapitels. Damit sich Zusammenarbeit nach innen im Sinne des Dynamogramms bestmöglich entfalten kann, sollten Sie

- interne Monopole aufbrechen,
- die vorhandenen Zielsysteme anpassen,
- Ihre Leistungsbewertungsmechanismen kernsanieren,
- den Fokus bei der Personalauswahl verändern und schließlich
- Zusammenarbeit auch räumlich unterstützen.

Wir beginnen mit einer Konsequenz, die, wie wir beobachten, für viele Führungskräfte überraschend und nur schwer zugänglich ist.

2 | Interne Monopole aufbrechen

In den allermeisten Unternehmen gibt es interne Monopole, die für eine bestimmte Fragestellung quasi einen Alleinvertretungsanspruch reklamieren. Dabei lähmt jede Form interner Monopole die Zusammenarbeit. Haltungen wie »Ich bin wichtiger als du« oder »Meine Kenntnis zum Thema X ist nicht anzuzweifeln« unterwandern so ziemlich alles, was wir mit dem Dynamogramm vorschlagen. Interessanterweise sind die am weitesten verbreiteten internen Monopole hausgemacht. Kein Wettbewerb, keine überregulierende Krake, die sich Gesetzgeber nennt, keine Naturkatastrophe ist für ihre Etablierung verantwortlich. Sondern wir selbst. Sehen wir uns im Folgenden die beiden wichtigsten Beispiele an.

Das Innovationsmonopol

Haben Sie auch eine Abteilung für »Innovation«? Was passiert hier? Da die Innovationsleistung seit Jahren nicht die gewünschten Ergebnisse bringt, entscheidet sich die Unternehmensleitung in ihrer Verzweiflung zur Gründung einer Abteilung, die sich von nun an mit Innovationen beschäftigen soll. Rückenwind erhält sie dabei noch von pseudowissenschaftlicher Seite, die – wie Fredmund Malik in seinem Buch *Führen, Leisten, Leben* – propagiert, dass Innovationsanstrengungen von den übrigen Geschäftsprozessen getrennt werden sollten und in einer eigenen organisatorischen Einheit zu bündeln sind. Das Ergebnis ist ernüchternd. Aber nicht überraschend. Denn der Anspruch, seine Kunden mit innovativen Lösungen zu überraschen, der Anspruch, dass jeder im Unternehmen hieran jeden Tag arbeitet und einen Beitrag leistet, dieser Anspruch wird implizit aufgegeben. Die gesamte Aufgabe wird an die Abteilung Innovation wegdelegiert. Dafür ist sie ja schließlich da.

Die Klagen darüber, dass die Kollegen der Innovationsabteilung »einfach nicht in die Puschen kommen mit wirklichen Neuheiten« und »ziemlich weit weg sind von unserem Geschäft«, sind vorprogrammiert. Diese wiederum entwerfen komplizierte Innovationsprozesse, verfeinern sie mit großer Hingabe und klammern sich krampfhaft daran. Pure Selbstbeschäftigung. Bei der Gestaltung von Innovationsprozessen geht es weniger darum, neuen Ideen Raum zu geben, als vielmehr darum, die Risiken von Innovation zu begrenzen. Innovationsprozesse sind von den Risiken her gedacht, nicht von den Chancen.

Die Wahrscheinlichkeit echter Innovationen, die das Unternehmen voranbringen, sinkt weiter. Über die Monate verhärten sich die Fronten. Die übergreifende Zusammenarbeit nach innen leidet. Unser Fazit ist praxiserprobt und eindeutig:

Innovationsabteilungen sind innovationshemmend.

Durch deren Monopolanspruch zum Thema Innovation leidet die Zusammenarbeit. Daher: Schaffen Sie diese Abteilungen ab. Sorgen Sie dafür, dass jeder im Unternehmen sich (wieder) verantwortlich dafür fühlt, die Lösungspartnerschaft mit Ihren Kunden auch mit innovativen Elementen zu füllen. Schaffen Sie Plattformen, zum Beispiel Innovationsinkubatoren, auf denen Ideen aus allen Teilen des Unternehmens sichtbar eingebracht und interdisziplinär diskutiert werden und über die Ideengeber ein qualifiziertes Feedback erhalten.

Das Qualitätsmonopol

Das zweite firmeninterne Monopol mit bemerkenswertem Verbreitungsgrad ist das der Qualität. Haben Sie auch eine Abteilung für »Qualitätsmanagement«? Auch hier tritt eine ähnliche Haltung zutage. Es ist eine Haltung, die sagt: »Da unsere Leute nicht in der Lage sind, im Sinne der Qualitätsansprüche unseres Unternehmens zu handeln, müssen wir diese Aufgabe an einer Stelle bündeln.« So entstehen Abteilungen für Qualitätsmanagement als Überwachungsinstanz für die lausige Mannschaft, die Qualität nicht einmal buchstabieren kann. Dabei sollte der Anspruch, dass sich jeder Einzelne in der Organisation nach besten Kräften für die höchstmögliche (im Einklang mit der Positionierung des Unternehmens im Markt stehende) Qualität der Produkte oder Dienstleistungen einsetzt, eine Selbstverständlichkeit sein. Sie wird dadurch abgelöst, zumindest geschwächt, dass die Verantwortung nunmehr an die entsprechende Abteilung delegiert wird. Ansonsten hätte diese keine Existenzberechtigung. In der Praxis wird die Qualitätsorientierung geschwächt. Denn keine zentrale Instanz kann auch nur annähernd das ausgleichen, was vorher Dutzende, Hunderte oder Tausende qualitätsbewusster Menschen im Unternehmen geleistet haben: den Qualitätsanspruch des Unternehmens mit Leben zu füllen.

Falls Sie nun denken, das könne nicht funktionieren, weil Ihre Mannschaft, zumindest in Teilen, diesem Anspruch nicht gerecht würde, sollten Sie dringend Ihre Personalauswahl kernsanieren. Zu diesem Themenfeld später mehr.

Im Ergebnis entsteht das Gegenteil dessen, was durch die Gründung der Qualitätsmanagementabteilungen erreicht werden sollte. Die unbedingte und dauerhafte Einlösung des – wie auch immer definierten – Qualitätsverständnisses bröckelt und wird über die Zeit immer brüchiger. Qualitätsprobleme stellen sich ein. Die Unternehmensleitung wundert sich, denn man hat doch extra eine Abteilung hierfür geschaffen. Die Abteilung scheint zu versagen.

Natürlich ist uns bewusst, dass wir in dieser Diskussion einen äußerst fragwürdigen Einfluss gesetzlicher und gesellschaftlicher Zertifizierungs- und Regulierungsvorhaben nicht ausblenden können. Unzählige ISO-Apostel schießen wie giftige Pilze aus dem Boden, seit in den späten 1980er-Jahren die ISO-9000-Normenreihe eingeführt wurde. Unser Qualitätsmanager erhält damit verschiedenste Bezugspunkte, ganze Werke, an denen er sich abarbeiten kann. Was dem Innovations-

verantwortlichen sein Innovationsprozess, ist dem Leiter der Qualitätsabteilung sein ISO-Handbuch. Das Handbuch und sein Schöpfer klammern sich an ausgeklügelte Prozessbeschreibungen und sogenannte Qualitätsaudits und sehen in der weiteren Detaillierung ihre Existenzberechtigung.
Die Vorstellung, Qualität in von außen übergestülpte Normierungsschemata zu pressen und damit verbessern zu können, konterkariert alles, was wir in zweimal 25 Jahren praktischer Beobachtung zusammentragen konnten. Unsere Position ist eindeutig:

Wer der Qualität, die in einem Handbuch behauptet wird, mehr Glauben schenkt als der Qualität, die der Markt einfordert, der sollte seine Leistung für das Unternehmen ernsthaft infrage stellen.

Was also tun? Wie können Sie die unbedingte Orientierung aller im Unternehmen an Ihrem Qualitätsanspruch wachhalten und dabei die übergreifende Zusammenarbeit stärken? Prüfen Sie hierzu folgende Vorschläge:

- Definieren Sie zunächst das Qualitätsverständnis Ihres Unternehmens und halten Sie das Ergebnis schriftlich fest. Gehen Sie dabei sorgfältig vor und vermeiden Sie Allgemeinplätze. Wir sollten uns vergegenwärtigen, dass der Qualitätsbegriff in besonderer Weise uneindeutig und schnell dahergesagt ist. Leitfragen für diese Übung sind:
  - »Worauf bezieht sich unser Qualitätsanspruch im Kern?« Auf unsere Produkte, damit verbundene Dienstleistungen, eine besondere Nähe zu unseren Kunden, hohe Zuverlässigkeit in den Abwicklungsprozessen?
  - »Was ist der Maßstab für unseren Qualitätsanspruch?« Der Kunde in Deutschland? In Indien? Gibt es also je nach Region ein unterschiedliches Qualitätsverständnis? Gibt es andere Maßstäbe, die wir bei der Definition dessen,

was wir als »unsere« Qualität definieren, berücksichtigen müssen?

Die Liste ließe sich leicht verlängern. Es ist bemerkenswert, wie weit die individuellen Vorstellungen hierüber innerhalb ein und derselben Führungsmannschaft – natürlich eines Qualitätsführers – auseinanderklaffen. Versetzen Sie sich für diese Diskussion in die Lage Ihrer Kunden.

- Führen Sie ein- bis zweimal pro Jahr etwa dreistündige Workshops durch, in denen Ihre Mannschaft sich mit der Frage beschäftigt: »Was bedeutet unser Qualitätsanspruch für meine tägliche Arbeit?«
  Wir haben beste Erfahrungen damit gemacht, in der ersten Runde abteilungsbezogen vorzugehen und für die folgenden Workshops die Teilnehmer bewusst gemischt zusammenzusetzen. Nur auf diese Weise sehen die Teilnehmer über den Tellerrand hinaus und entwickeln ein gemeinsames, übergreifendes Qualitätsverständnis für die Produkte und Dienstleistungen Ihres Unternehmens – ein Qualitätsverständnis, das sich aus ganz unterschiedlichen relevanten Blickwinkeln speist: der Kundennähe des Vertriebs, der Sicht der Reklamationsabteilung, den Ingenieuren der Produktion, den Trendbeobachtungen des Marketings.
- Wenn Qualitätsprobleme auftreten, behandeln Sie diese nicht wie Megageheimnisse, die auf keinen Fall anderen Bereichen oder gar der Geschäftsleitung zur Kenntnis gelangen dürfen, sondern diskutieren mit allen Beteiligten über deren Entstehung, Auswirkungen und die daraus resultierenden Schlussfolgerungen für die Zukunft. Nicht mit anklagender und schuldzuweisender Diktion, sondern konstruktiv, zukunftsgerichtet und um der Sache willen. Und: Teilen Sie die Erkenntnisse dieser Diskussion im Unternehmen.
- Teilen Sie genauso die positiven Beispiele. Etwa Kundenprojekte, in denen der Qualitätsanspruch – gegebenenfalls unter schwierigen Bedingungen – in besonderer Weise erfüllt wurde. Stellen

Sie diese Beispiele in Ihre sichtbarsten betrieblichen »Schaufenster« (Intranet, Mitarbeiterzeitung, größere Veranstaltungen).

- Sorgen Sie dafür, dass diejenigen im Unternehmen, die weit von Produkten und Kunden entfernt sind, mindestens einmal im Jahr ihre Kollegen mit Kundenkontakt begleiten können. Wir haben in der Praxis mehrfach erlebt, wie stark die Beziehung zu den eigenen Produkten, ihrer Qualität und dem Nutzen, den sie bei den Kunden stiften, hierdurch wieder gestärkt werden kann.
- Stellen Sie schließlich bei der Personalauswahl die richtigen Weichen: Stellen Sie Haltungen ein – hier in Bezug auf das Thema Qualität – und nicht Fachkenntnisse. Wir kommen auf diesen Punkt zurück.

Also:

Schaffen Sie Ihre Abteilung Qualitätsmanagement ab. Ihre Kunden werden es Ihnen danken. Ihre Profitabilität auch. Und: Die Zusammenarbeit nach innen wird gestärkt.

Sehen wir uns wiederum ein Unternehmensbeispiel zur Illustration an.

QUALITÄTSMONOPOL

Bei einem inhabergeführten, mittelständischen Marktführer in der Lebensmittelindustrie wurden wir Zeuge, wie stark die Unternehmensentwicklung durch ein internes Qualitätsmonopol behindert werden kann. Der Leiter der Abteilung Qualitätsmanagement hatte sich über Jahre einen gefühlten Alleinvertretungsanspruch in allen qualitätsrelevanten Fragen geschaffen. Nicht hinterfragte Schützenhilfe lieferte ihm das deutsche Lebensmittelrecht, dessen Vorschriften er – getrieben von der Haltung »Ich stehe hier

jeden Tag mit einem Bein im Gefängnis« – deutlich enger auslegte als alle anderen Unternehmen der Branche. Immer wenn Qualitätsfragen anstanden, war ein »Da müssen wir erst einmal Herrn ›Qualität‹ fragen« die reflexartige Reaktion. Dabei war die Verlangsamung der Entscheidungsprozesse noch das geringste Übel.
Schwerwiegender war, dass sich die Außendienstmitarbeiter in einem schleichenden Prozess immer stärker hinter dem Qualitätsmonopol des Kollegen versteckten und die dort definierten, sehr hohen Qualitätsansprüche – ausgedrückt unter anderem in bestimmten Produktzutaten und Anforderungen an Verpackungen und deren Beschriftung und Gestaltung – als Ursache dafür herangezogen, dass sie mit diesen Vorgaben im harten Wettbewerb einfach keine Chance hätten. Die Vertriebsleistung sank. Erst langsam, dann stetiger. Das Unternehmen verlor Marktanteile, Jahr für Jahr.
Es war ein nicht unerheblicher Kraftakt, dieses eingeübte Verhalten zu durchbrechen. Der erforderliche Veränderungsprozess betraf große Teile des Unternehmens, von der Produktion bis zum Vertrieb. Und natürlich ging es nicht ohne Personalentscheidungen, Versetzungen und Trennungen. Die als überfällig empfundenen Trennungen hatten einen besonders starken Signaleffekt, wirkten für Mitläufer mahnend und für Leistungsträger ermutigend. Heute wächst das Unternehmen wieder profitabel. Dass es sich dabei an bestehende Gesetze und branchenüblich unvermeidliche Qualitätsnormen hält, versteht sich von selbst.

3 | Zielsysteme anpassen

Wir haben im zweiten Kapitel des Buchs ausgeführt, dass die gängige Praxis von Zielvereinbarungen ihrer ursprünglichen Absicht, Orientierung für den Einzelnen zu geben, nicht gerecht wird und dringend renovierungsbedürftig ist. An dieser Stelle müssen wir einen weiteren Aspekt hinzufügen:

Ziele belohnen in aller Regel die Nichtzusammenarbeit.

Warum? Sehen wir uns hierzu die Struktur der typischen Zielsysteme an. Ziele für das Gesamtunternehmen werden in Bereichs- und Abteilungsziele heruntergebrochen (nomen est omen?), und hieraus werden individuelle Ziele abgeleitet. Das ist durchaus logisch, und jedes Ziel ist, für sich betrachtet, auch nachvollziehbar. Was allerdings in aller Regel vernachlässigt wird, sind die gegenseitigen Abhängigkeiten, Wechselwirkungen und Widersprüche. Wenn ein Unternehmensteil für kurzfristige Verkaufszahlen bezahlt wird (Vertrieb) und ein anderer für die langfristige Stärkung der Marken des Unternehmens (Marketing), sind die Konflikte vorprogrammiert: Es muss geradezu zu unterschiedlichen Prioritätensetzungen und zeitlichen Horizonten für die zu erledigenden Aufgaben und Projekte kommen. Wenn manche Führungskräfte im Unternehmen die Aufgabe haben, sicherzustellen, dass die Lieferfähigkeit besonders hoch ist (Kundenservice), und andere sich um einen möglichst geringen Lagerbestand kümmern (Logistik oder Materialwirtschaft), dann sind ernst zu nehmende Zusammenarbeitsbarrieren in die Logik der Zielsysteme eingebaut.
Deshalb:

Wenn Sie individuelle Ziele vereinbaren, machen Sie die Zusammenarbeit nach innen zu einem der Schwerpunkte.

Das Dynamogramm stellt Zusammenarbeit in den Mittelpunkt

Wenn wir die Zusammenarbeit innerhalb unserer Unternehmen dem Dynamogramm folgend dauerhaft verbessern wollen, müssen wir die gängigen Mechanismen der Leistungsbewertung durchbrechen. Warum? Sehen wir uns ein Beispiel an. Nehmen wir an, Sie wollen die Leistung des Kollegen Meyerdierks, der eine Vertriebsregion leitet, einschätzen (wir sprechen bewusst nicht von »messen«, dazu gleich mehr). In mindestens acht von zehn Fällen erfolgt die Leistungsbewertung anhand der gerade aktuellen Verkaufszahlen. Nun wird Meyerdierks alles tun, um »seine« Zahlen auch zu liefern. Also zieht er noch schnell einige Vertragsabschlüsse durch, die ihm zwar kurzfristig helfen, deren langfristige Wirkung aber zweifelhaft ist; für sämtliche Themen, die nicht unmittelbar für »seine« Zahlen relevant sind, steht er nicht zur Verfügung, und überhaupt ist er – insbesondere in den Wochen direkt vor der Leistungsbeurteilung – für seine Mitarbeiter kaum noch ansprechbar.

Die gängigen Mechanismen der Leistungsbewertung schaden der Zusammenarbeit nach innen.

Im Übrigen sind »seine« stichtagsbezogenen Verkaufszahlen, konsequent gedacht, rein zufällig und sagen nichts über die Leistung von Meyerdierks und die Qualität seiner Arbeit aus. Was Sie dagegen ins Zentrum stellen sollten: Wie arbeitet Meyerdierks mit anderen im Unternehmen zusammen mit dem Ziel, langfristig stabile Kundenbeziehungen aufzubauen beziehungsweise zu stärken, die auch und gerade in Krisenzeiten stabil bleiben?
Mit den nachfolgenden Fragestellungen haben wir einen Ansatz entwickelt, der den Gedanken der Zusammenarbeit stärkt. Sie werden sehen, dass er die gängige Praxis der Leistungsbewertung auf den Kopf stellt. Darauf kommt es an:

- Wie ist der Beitrag von Meyerdierks zur übergreifenden Zusammenarbeit im Unternehmen?
  Nicht: Was hat seine Abteilung geleistet? Teiloptimierer und Selbstinszenierer haben wir eh schon im Übermaß.
- Wie kommen diejenigen im Unternehmen voran, die an Meyerdierks berichten? Machen sie Karriere im Unternehmen (oder auch außerhalb)?
  Nicht: Wie kommt Meyerdierks voran?
- Durch welche konkreten Maßnahmen hat er zur Senkung der Transaktionskosten (Abstimmungserfordernisse, Meetingflut, ungelöste Schnittstellen, mangelnder Informationsaustausch) im Unternehmen beigetragen? Diese Kosten stehen in keiner Kostenrechnung und bestimmen maßgeblich die Vitalität der Organisation.
  Nicht: Wie hat er die Kostenrechnung in seinem Verantwortungsbereich optimiert?
- Welche neuen Ideen und Innovationen (neue Produkte oder Dienstleistungen, Produkterweiterungen, neue Absatzkanäle, neue Formen der Kundenansprache, neue Wege der Zusammenarbeit nach innen und so weiter) hat Meyerdierks eingebracht?
  Nicht: Wie effizient wickelt er sein Standardgeschäft ab?
- In Summe: Was hat er zur langfristigen Zukunftssicherung des Unternehmens beigetragen?
  Nicht: Welche kurzfristigen Erfolge gehen auf sein Konto?

Die nachstehende Abbildung stellt die gängige Praxis der Leistungsbewertung und unser Modell der Leistungsabschätzung im Dynamogramm gegenüber.

Abbildung 4: Leistung einschätzen

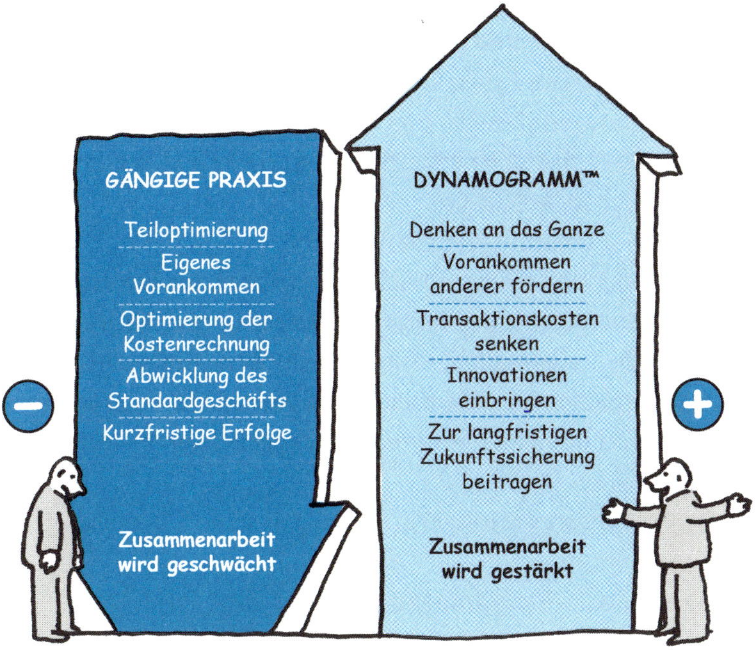

Schließlich: Falls Sie Boni zahlen – was ein zweifelhaftes Vergnügen ist, wie wir im nächsten Kapitel aufzeigen werden –, machen Sie den Bonus kompatibel mit den oben genannten Kriterien, die die Zusammenarbeit nach innen stärken.

Stellen Sie die gängige Praxis der Leistungsbewertung auf den Kopf und erwecken Sie das Dynamogramm zum Leben.

Leistung ist niemals eindeutig

Für die Einschätzung individueller Leistung gibt es eine weitere Erkenntnis, die wir uns verinnerlichen sollten. Zum einen, weil sie von fundamentaler Bedeutung ist, zum anderen, weil wir der gängigen Managementpraxis und herrschenden Meinung widersprechen. Die oben genannten Themen, nach denen wir vorschlagen, die Leistung unseres Meyerdierks einzuschätzen, sind kaum oder gar nicht messbar. Es mag ernüchternd klingen, jedoch entspricht dies durchgängig unserer praktischen Erfahrung:

Je wichtiger ein Thema, desto weniger lässt es sich messen.

Wer Leistung einschätzen möchte, ist immer auf Deutungen und Abwägungen angewiesen. Immer. Diese sind notwendigerweise unscharf, nicht eindeutig und diskutabel. Aber sie sind mit gut durchdachten Argumenten unterfüttert und beleuchten im Schwerpunkt stets den Kontext einer bestimmten Leistung. Das macht sie wertvoll.

Vergegenwärtigen wir uns:

Leistung ist immer uneindeutig und daher diskutabel.

Das ist bei genauerer Betrachtung schon dort der Fall, wo viele fälschlicherweise immer noch dem Messbarkeitsirrglauben nachhängen. Nehmen wir an, Sie sind Chef von Meyerdierks, also Vertriebsleiter in einem Unternehmen jeder beliebigen Branche, und müssen am Ende des Geschäftsjahres die Leistungen Ihrer vier Regionalleiter bewerten. Nehmen wir des Weiteren an, alle vier haben für ihre Region einen Umsatz von 100 mit einer Marge von 20 aufzuweisen. Wir können nun mit an Sicherheit grenzender Wahrscheinlichkeit davon ausgehen, dass die einzelnen Leistungen jeweils unterschiedlich einzuschätzen sind, obwohl die nackten Zahlen das Gegenteil nahelegen. Warum das so ist? Weil der *Kontext*, in dem die Zahlen der vier Regionen zustande kamen, jeweils völlig unterschiedlich ist. So mag es sein, dass Regionalleiter A eine eingespielte Vertriebsmannschaft führt, die er von seinem Vorgänger übernommen hat. In seiner Region siedeln sich zahlreiche potenzielle Kunden neu an; er kann allerdings mit seinem Ansatz des *business as usual* keines dieser Unternehmen als Kunden gewinnen und kommt dennoch für seine Region, aufgrund des stabilen Fundamentes, das vor seiner Zeit aufgebaut wurde, auf den Umsatz von 100. Sein Kollege B dagegen sieht sich mit einer völlig anderen Situation konfrontiert: Einer der schärfsten lokalen Wettbewerber will ein neues Konkurrenzprodukt mit Dumpingpreisen in den Markt drücken, und zusätzlich kommt ein ausländisches Unternehmen neu in den Markt. Beide Wettbewerber haben die Region von Regionalleiter B als Testmarkt gewählt. Dennoch gelingt es ihm, aufgrund stabiler Kundenbeziehungen, die er über Jahre systematisch aufgebaut und gepflegt hat, einen Umsatz von 100 zu erzielen.

Bei C liegen die Dinge wiederum anders. Regionalleiter D schließlich hat sich neben seinen originären Aufgaben der Regionalleitung aktiv und konstruktiv in ein Strategieprojekt des Gesamtunternehmens eingebracht. Des Weiteren hat er seine Vertriebler systematisch gefördert, sodass zwei von ihnen Karriere machen und zukünftig Führungsaufgaben in der Zentrale wahrnehmen. Da deren Ersatz auf sich warten ließ (unter anderem, weil auch dieses Unternehmen zu den etwa 90 Prozent gehört, die keine vernünftige übergreifende Nachfolgeplanung haben), gingen die Zahlen in den letzten vier Monaten nach unten, und er landete mit seiner Region dennoch beim Umsatz von 100.

Sie sehen: Das Zahlenwerk allein führt uns in die Irre. Ihre Mitarbeiter haben es verdient, dass Sie es sich nicht so einfach machen. Auf den Kontext kommt es an. Hierauf sollten Sie den Schwerpunkt legen, nicht auf das Ziffernblatt der Messbarkeitsfanatiker.

Wer Leistung einschätzen will, muss den jeweiligen Kontext sorgfältig beleuchten.

Selbst in Umgebungen scheinbar exakter Messbarkeit müssen wir uns auf den Kontext konzentrieren, um Leistung angemessen würdigen zu können. Stellen Sie sich vor, der zurzeit schnellste Mann der Welt, der Jamaiker Usain Bolt, läuft zwei 100-Meter-Rennen: das erste in 9,87 und das zweite in 9,73 Sekunden. Für die Messfanatiker ist der

Fall klar: Die zweite Leistung ist höher einzuschätzen, und zwar um exakt 0,14 Sekunden oder 1,44 Prozent – aufgerundet, wohlgemerkt. Nun ist es allerdings so, dass der Athlet direkt vor dem ersten Lauf eine kräftezehrende Reise durch sieben Zeitzonen auf sich nehmen musste; und das Rennen findet bei nasskalten neun Grad statt. Zusätzlich gibt es leichten Gegenwind. Der zweite Lauf dagegen findet, nach ausgeklügelter Vorbereitung, unter Idealbedingungen statt. Welche Leistung ist höher einzuschätzen? Selbst hier sind Abwägungen zu treffen. Es spricht einiges dafür, den ersten Lauf höher einzuschätzen; eine totale Gewissheit im Sinne eines exakten Urteils gibt es jedoch selbst in einer Umgebung nicht, in der wir gewohnt sind, Hundertstelsekunden zu unterscheiden.

5 | Praxis der Personalauswahl verändern

Einstellungen einstellen

Der wahrscheinlich wirkungsvollste Hebel zur Stärkung der Zusammenarbeit im Dynamogramm liegt in einer Personalauswahl, die genau hierauf ihren Schwerpunkt legt. Stellen Sie Menschen ein, die zur Zusammenarbeit fähig sind! Menschen, deren Haltung sie dabei leitet, stets an das Ganze zu denken, anstatt sich selbst zu optimieren. Hier werden die Weichen gestellt. Wer hier die richtigen Weichen stellt, spart sich nachfolgend diverse Trainingsaktivitäten, Schulungsprogramme und Entwicklungsmaßnahmen, die allesamt mühsam und kräftezehrend – dabei mit mäßigem Erfolg – das herbeizuführen versuchen, was nicht da ist: die innere Bereitschaft zur Zusammenarbeit.

Ihr wichtigstes Einstellungskriterium: die innere Bereitschaft zur übergreifenden Zusammenarbeit.

Die Personalauswahlpraxis ist jedoch immer noch nahezu ausschließlich auf die fachlichen Fertigkeiten eines Bewerbers ausgerichtet. Es ist eine Selbstverständlichkeit, dass jede Aufgabe auch fachliche Kenntnisse und Erfahrungen braucht, aber Lücken in diesem Bereich können in der Regel geschlossen werden. Einstellungen dagegen – hier die Bereitschaft zur Zusammenarbeit – sind fix; sie verändern sich nicht mehr, was wissenschaftlich mehrfach belegt ist. Einzig strittig ist die Frage, ab welchem Lebensalter das so ist. In jedem Fall bestätigt unsere praktische Erfahrung, dass sich Einstellungen in einem Alter, in dem wir schrittweise in Führungsaufgaben hineinwachsen (also in den Dreißigern), nicht mehr verändern.

Was tun?

Wie also individuelle Einstellungen erkennen? Diese Aufgabe ist in besonderem Maße anspruchsvoll und erfordert ein hohes Maß an Professionalität. Hinweise auf innere Einstellungen liefern zentrale, prägende Erfahrungen, die jeder in seiner beruflichen Laufbahn gemacht hat. Fachleute sprechen von sogenannten *critical incidents*. Diese Ereignisse, ob positiver oder negativer Art, bleiben dem menschlichen Gehirn nicht nur überdurchschnittlich stark in Erinnerung, sie sind auch besonders aussagekräftig im Hinblick auf effektive und ineffektive Verhaltens- beziehungsweise Arbeitsweisen der jeweiligen Person.

Wer Lebensläufe chronologisch durchspricht und stumpfe Eintragungen in vorgefertigte Excel-Tabellen macht, wird über die Einstellungen seines Gegenübers nichts erfahren.

Übrigens, solche Gespräche zu führen, braucht nicht nur Professionalität und Erfahrung – es braucht schlichtweg auch Ruhe, Zeit, Geduld, Aufmerksamkeit, genaue Beobachtung und wirkliches Interesse am Gegenüber. Eine Selbstverständlichkeit? Mitnichten. Leider. Es ist erschreckend zu sehen, dass Auswahlgespräche immer wieder zwischen die Termine des sogenannten Tagesgeschäfts gepresst werden.

Wer dagegen die Bedeutung des Themas erkennt, wird sich gründlich vorbereiten, ein Gespräch von mindestens zwei Stunden Länge führen und die wesentlichen Ergebnisse in einer sorgfältigen Nachbereitung zusammenfassen. In Summe ein halber Tag.

Assessment-Center sind von vorgestern

Assessment-Center, in denen Kandidaten nach allen Regeln einer scheinbaren Kunst einseitig aufgebohrt werden, sind nicht von gestern, sie sind von vorgestern. Würden wir die dort proklamierte Immer-höher-und-weiter-Spirale ernst nehmen, müssten wir angesichts der langen Liste von geforderten Eigenschaften glauben, wir alle seien eine Mischung aus Oberstleutnant, Showmaster und Nobelpreisträger für Physik. Das sind wir natürlich nicht; unter anderem, weil wir nur über eine sehr begrenzte Anzahl individueller Stärken verfügen. Hinzu kommt leider auch eine gehörige Portion Dummheit. Hierzu ein Beispiel: Von Universitätsabsolventen wird – neben dem üblichen Kanon wunderbarer Adjektive – selbstverständlich »verhandlungssicheres Englisch« verlangt. Alle nicken brav. Nun ist es leider so, dass in unseren Breitengraden 99 Prozent aller Absolventen noch nie in ihrem Leben eine Verhandlung auf Englisch haben führen können. Machen Sie diesen Blödsinn nicht mit, nur weil es jeder macht. Formulieren Sie ambitionierte, aber gleichzeitig eben auch realistische Erwartungen. Manchmal ist es ganz leicht, sich positiv zu differenzieren.
Machen Sie des Weiteren aus der herabschauenden Einbahnstraße eine Bewerbung in *beide* Richtungen. Stellen Sie dabei Ihr Unternehmen so dar, wie es ist: mit seinen Stärken, aber auch seinen Herausforderungen. Lassen Sie die Hochglanzbroschüren in der Marketingabteilung. Jeder wache Kopf weiß, dass sie nicht die betriebliche Realität widerspiegeln. Und:

Lassen Sie das Organisationshandbuch weiter im verschlossenen Schrank verstauben und reden Sie stattdessen über die ungeschriebenen Regeln und informellen Gesetze, denn darauf kommt es an. Sie charakterisieren am besten die DNA der Organisation.

Wie also besser? Wir schlagen vor, »Kennenlerntage« durchzuführen, um das Prinzip der Bewerbung in *beide* Richtungen praktisch umzusetzen. Ein Baustein solcher Tage besteht darin, dass die Teilnehmer für zwei bis drei Stunden die Möglichkeit bekommen, sich frei im Unternehmen zu bewegen und Fragen zu stellen. Ohne Tabus. An jeden, der da ist. Sie geben lediglich Kategorien vor, die Ihnen wichtig erscheinen. Eine dieser Kategorien sollte »Zusammenarbeit« sein. Die Teilnehmer berichten für jede Kategorie von ihren Eindrücken anhand dreier einfacher Fragen:

- Was habe ich wahrgenommen?
- Was finde ich gut?
- Was finde ich nicht gut?

Das Feedback der Teilnehmer ist in der Regel: »So etwas Gutes habe ich noch nicht erlebt!« Transparenz, ernst gemeinte Offenheit, stellt jede Imagebroschüre in den Schatten der Bedeutungslosigkeit. Und die typische Rückmeldung der Vertreter des Unternehmens: »Was haben wir heute wieder alles über unser Unternehmen gelernt!« Und Sie werden einen belastbaren Eindruck gewonnen haben, ob der Teilnehmer des Kennenlerntages nur von »Zusammenarbeit« redet, weil er in einem mittelmäßigen Managementratgeber gelesen hat, dass das angesagt sei, oder ob er eine von innen kommende, natürliche, nicht aufgesetzte Einstellung mit sich bringt, die Zusammenarbeit über Organisationsmauern hinweg nicht nur als etwas Notwendiges ansieht, sondern als etwas Bereicherndes, Spannendes, an dem alle Beteiligten wachsen können.

Im Verlauf solcher Kennenlerntage sollten Sie übrigens die zukünftigen Kollegen des Kandidaten einbeziehen. Immer wieder können wir beobachten, dass die gleiche Person stark unterschiedliche Leistungen erbringt, je nachdem, in welchem auch personellen Umfeld sie agiert. Bekannt ist dieser Umstand in Bezug auf das Unternehmensumfeld: Wer in der endlosen Weite bürokratischer Vorschriften eines Konzerns zu ersticken droht, blüht als Bereichsleiter eines mittelständischen Unternehmens geradezu auf. Oder auch umgekehrt. Die Relevanz dieses Phänomens – wir nennen es Passung – zeigt sich jedoch auch innerhalb einer Organisation in Bezug auf die handelnden Personen. Das direkte persönliche Umfeld des Kandidaten bestimmt die Passung in wesentlichen Teilen. Es ist demnach naheliegend, die zukünftigen Kollegen in die Auswahl einzubeziehen. Prüfen Sie diesen Gedanken: Konsequent zu Ende gedacht, bedeutet dies, dass die zukünftig engsten Kollegen nicht nur einbezogen werden, sondern die Entscheidung treffen. Sie werden zu Autoren der Auswahlentscheidung. Diese wird nicht mehr getroffen nach formaler beziehungsweise funktionaler Zuständigkeit (HR-Direktor, Personalleiter) oder Hierarchie (Vorstand, Geschäftsführer), sondern nach Relevanz für die künftige Zusammenarbeit.

Keine Kompromisse

Schließlich die wichtigste Empfehlung: Gehen Sie keine faulen Kompromisse ein! Pointiert gesagt: Wer bis hierhin alles richtig gemacht hat, aber gegen diesen Punkt verstößt, wird keine wirkungsvolle, gute Auswahlpraxis etablieren. Wer kennt nicht diese Situation: Der Kandidat hat den gesamten Auswahlprozess durchlaufen, und die Auswertung ergibt ein gemischtes Bild: Einige der Beteiligten sind überzeugt und möchten ihn an Bord holen, ein Teil schwankt und ein Teil spricht sich dagegen aus. Nach einer quälenden Diskussion (die in neun von zehn Fällen offenbart, wie limitiert genaue Beobachtung, scharfe Analyse und konsequente Schlussfolgerungen sind) kommt das Kollektiv schließlich zum Ergebnis, den Mann oder die Frau einzustellen. Schließlich müsse man zweistellig wachsen (warum, weiß keiner so genau) und könne außerdem nicht mehr länger warten. Es habe schon alles länger gedauert als erwartet. »Es wird schon gut gehen.« Natürlich geht es nicht gut. Nach aufwendigen Trainings- und Fortbildungsmaßnahmen, umfangreichen Personalentwicklungsprogrammen und verschiedenen Veränderungen des Aufgabenbereiches kommt es nach mehreren Jahren doch zur kostspieligen Trennung. Die Wurzel des Fehlers liegt genau hier: in mangelnder Klarheit bei der Auswahlentscheidung. Daher:

Im Zweifel gegen den Kandidaten.

6 | Zusammenarbeit auch räumlich erleichtern

In der Einleitung zu diesem Buch beschreiben wir ein agiles Unternehmen, das vor Ideen strotzt und in dem Mitarbeiter und Kunden gemeinsam an Lösungen arbeiten. Es ist kein Zufall, dass bei der Schilderung die Frage, wie Räume gestaltet sind, eine wichtige Rolle einnimmt. Die Räume, in denen wir arbeiten, haben eine große Auswirkung darauf, wie wir zusammenarbeiten. Und so verwirklicht sich das Bild des Dynamogramms in der Umgebung, in der wir arbeiten.
Oder glauben Sie im Ernst, dass in einem dunklen Flur von 100 Metern Länge, von dem rechts und links Büros mit jeweils einem oder zwei Arbeitsplätzen abgehen, Neues entstehen kann oder zufällige und anregende Begegnungen stattfinden? Hierarchie bemisst sich in diesen klassischen Strukturen daran, wer wie viele Fensterkreuze sein Eigen nennen darf und wie groß sein Schreibtisch ist. Es gibt Chefsessel, die größer und bequemer sind als die der anderen. »Bequem«: Was für eine Kategorie für das Wettbewerbsumfeld, in dem wir uns bewegen! Die Büros der Geschäftsführung sind abgetrennt von denen der übrigen Mitarbeiter, im schlimmsten Fall in einem eigenen Stockwerk. Der Vorstand hat seine eigenen Sitzungssäle und eigene mit

dem Schild »Vorstand« gekennzeichnete Parkplätze. Weiche Teppiche und nicht die sonst im Haus übliche Auslegeware schlucken Schrittgeräusche und verstärken eine Atmosphäre des Allerheiligsten, wenn sich der gemeine Mitarbeiter der Chefetage nähert. Hier wird sie sichtbar, die hierarchiebasierte Versteinerung der Organisation im Organigramm, das wir aus guten Gründen abgewählt haben.
Und dann die Sitzungen. Ein riesiger Sitzungstisch, umsäumt von bequemen (da ist es wieder, das Synonym für Chef) Sitzungsstühlen, die man in der Chefetage – ein besonderes Zuckerl – auch in eine halbe Liegeposition bringen kann. Alle nehmen bräsig in den Stühlen Platz und werden sich in den nächsten drei Stunden nicht mehr bewegen. Die Mitte des Tisches ist übersät mit Kaffeekannen und Kekstellern. Dann folgt eine PowerPoint-Präsentation nach der anderen, jeweils mindestens 50 Folien. Nach und nach kämpfen alle Sitzungsteilnehmer mit der Müdigkeit, greifen zum Kaffee und zu den Keksen, um noch übersättigter in überheizten Räumen und ihren bequemen Ledersesseln wieder in einen Zustand zu verfallen, der am besten mit Halbschlaf zu charakterisieren ist. Wortbeiträge werden zu Monologen ohne Struktur. Die Devise lautet: Es ist alles gesagt, aber noch nicht von jedem.
Wie können so effektive und effiziente Meetings abgehalten werden?
Eine dynamische Organisation hält eine gänzlich andere Arbeitsumgebung vor. Die Sitzungen finden an Stehtischen statt, sie werden also zu Stehungen. Hohe Hocker ermöglichen einen guten Wechsel von Stehen und Sitzen. Abwechselnd lehnt auch jemand an der Wand oder geht beim Denken und Sprechen umher. Diese Art von Abwechslung und Bewegungsmöglichkeit wird der Natur des Menschen deutlich mehr gerecht als stundenlanges Sitzen. Unseren Beobachtungen zufolge verkürzen sich Zusammenkünfte auf diese Weise um 30 Prozent und erhöhen gleichzeitig noch die Effizienz.
Zum Tagesablauf gehören ferner 20 Minuten kurze Schlafeinheiten um die Mittagszeit – in dafür bereitstehenden Ruheräumen. Warum kämpfen wir gegen unseren Biorhythmus an, anderthalb Stunden gegen das ganz normale Mittagstief, statt uns dem kurz hinzugeben?

Der Napping Room in der Bucerius Law School in Hamburg mit einzelnen schalldichten Liegekojen, die Studenten und Mitarbeitern für die Mittagszeit zur Verfügung stehen, zeigt, wie es gehen kann.
Auch die unmittelbare Arbeitsumgebung mit kleinen Büroräumen ist mit den Möglichkeiten, die das Dynamogramm unterstützt, nicht vereinbar. Zukunftsfähige Organisationen ermöglichen mit ihrer Architektur und mit der Büroausstattung verschiedene Arbeitssituationen. Dazu gehören kleine abgeschiedene Einzelräume, die konzentriertes Arbeiten am Einzelarbeitsplatz ermöglichen, genauso wie kleine Teamräume, die kleinen Teams Platz zum Brainstormen ermöglichen. Wände werden zu Schreibflächen, an denen Gruppen stehen, gemeinsam am Projekt arbeiten und ihre Gedanken an Acrylwänden mit wasserlöslichen Markern, elektronischen Smartboards oder auf Post-its an den Wänden festhalten.

7 | Gute Zusammenarbeit wachhalten

Wenn sich Unternehmensorganisationen dem Idealzustand lebendiger Organismen annähern sollen, ist dies ohne eine *dauerhafte* konstruktive, übergreifende Zusammenarbeit im Sinne der Weiterentwicklung des *Gesamt*unternehmens schier unmöglich.
In nahezu jeder Organisation besteht die Gefahr, dass destruktive Muster wie Bereichsegoismen, Selbstoptimierung, Inseldenken und Abschottung irgendwann doch (wieder) wie Giftpilze aus dem Boden schießen.

Gute Zusammenarbeit muss wachgehalten werden. Ein Strohfeuer zu Jahresbeginn reicht hierfür nicht aus.

Reflektieren Sie daher in regelmäßigen Abständen die Qualität der übergreifenden Zusammenarbeit. Leitfragen hierfür können sein:

- Mit welchen Adjektiven können wir unsere aktuelle Zusammenarbeit beschreiben?
- Was hat in unserer Zusammenarbeit in der zurückliegenden Zeit gut funktioniert?
- Wo hat es gehakt? Konkrete Beispiele analysieren!
- Welche konkreten Verabredungen treffen wir, um unsere Zusammenarbeit weiter zu verbessern?
- Wie stellen wir sicher, dass wir uns an diese Verabredungen verbindlich halten?

8 | Fazit

Im Zentrum dieses Buchs steht das Dynamogramm als Sinnbild für eine lebendige und veränderungsbereite Organisationsform. Wir lösen überholte innovations- und veränderungsfeindliche, starre Strukturen zugunsten des lebendigen Organismus Unternehmen ab. Der Kunde und nicht die Geschäftsführung steht im Organigramm ganz oben. Die Leitung befindet sich im Zentrum des Unternehmens. Sie hält das dynamische Gebilde zusammen, gibt ihm Orientierung und weckt die internen Kräfte und Ideen, die das Unternehmen zukunftsfähig halten.

Das Dynamogramm gibt allen in diesem Buch vorgeschlagenen Elementen einer guten Führungspraxis eine Form. Es steht für das Gelingen übergreifender Zusammenarbeit im Sinne des Gesamtunternehmens. Wir haben in diesem Kapitel herausgearbeitet, was die wichtigsten unmittelbaren Konsequenzen sind, wenn wir unsere Unternehmen näher an den Idealzustand eines lebendigen Organismus bringen wollen.

- Schaffen Sie die in Ihrem Unternehmen bestehenden Monopole ab. Reinhard Sprenger spricht davon, dass Pathologien der Zusammenarbeit durch einseitige Monopolansprüche entstehen. Dem ist nichts hinzuzufügen. Daher: Lösen Sie Ihre

Innovationsabteilungen auf. Sie leisten dem Irrglauben Vorschub, dass eine Abteilung für Innovationen »zuständig« ist. In einem nach dem Verständnis des Dynamogramms aufgebauten Unternehmen atmet die gesamte Organisation den Geist der Innovation. Gleiches gilt für die Abteilung Qualitätsmanagement. Gerade in global aufgestellten Unternehmen variiert das Qualitätsverständnis von Region zu Region. Und: Wenn nicht die gesamte Organisation ein gemeinsames Verständnis davon hat, was Qualität für das Unternehmen heißt, ist Hopfen und Malz verloren.

- Machen Sie die Zusammenarbeit nach innen zu einem der Schwerpunkte individueller Zielvereinbarungen. Die Widersinnigkeit, messbare Ziele um jeden Preis einführen zu wollen, lenkt davon ab, dass die wichtigsten Ziele nicht messbar sind. Dazu gehört eine reibungsvolle, produktive und anregende Zusammenarbeit im Inneren des Dynamogramms.
- Folgerichtig: Definieren Sie individuelle Leistung in Ihrem Unternehmen neu. Was ist der individuelle Beitrag einer Führungskraft oder eines Mitarbeiters zur Verbesserung der Zusammenarbeit? Durch welche Maßnahmen hat er in seinem Verantwortungsbereich zur Verschlankung von Abstimmungserfordernissen beigetragen? Das sind die Fragen, auf die es im Dynamogramm ankommt. Und: Haben Sie im Auge, dass Leistung nicht eindeutig ist und stets individuell bewertet werden muss.
- Schließlich ein Schlüssel für die Realisierung des Dynamogramms: Verändern Sie Ihre Einstellungspraxis. Wichtiges Einstellungskriterium ist die Bereitschaft zur übergreifenden Zusammenarbeit in Ihrem Unternehmen. Ersetzen Sie Assessment-Center durch Kennenlerntage, die beiden Kandidaten – dem Unternehmen und dem Aspiranten – die Möglichkeit geben, sich gegenseitig kennenzulernen. Besonders wichtig: Im Zweifel immer *gegen* den Kandidaten!

Das Dynamogramm ist kein utopisches Hirngespinst. Es ist umsetzbar. Die genannten Handlungsvorschläge machen das greifbar. Haben Sie den Mut, das Organigramm Ihres Unternehmens zu einem Dynamogramm umzuzeichnen. Sie werden sich wundern, welche wichtigen Überlegungen zur Gestaltung Ihrer Organisation diese Übung auslöst!

Kapitel 5 | Zutrauen

1 | Mythos Motivation

»Eine motivierte Mannschaft zu haben«, gehört zu den Sehnsüchten aller Führungskräfte. Leider ist zu kaum einem Thema so viel dummes Zeug in der Managementliteratur abgesondert und in der Praxis umgesetzt worden. Reinhard Sprenger hat den hohlen Lärm um den »Mythos Motivation« unseres Erachtens am besten entlarvt. Was viele unterschätzen: Ihre Mitarbeiter durchschauen die gängigen Motivationsanstrengungen. Diese konzentrieren sich im Wesentlichen auf drei unterschiedliche Darreichungsformen.

Darreichungsformen von Motivation

Erstens: Motivation über Materielles. Immer noch glauben zahlreiche Unternehmenslenker, durch fette Gehälter und Boni oder dicke Firmenwagen Motivation erzeugen zu können. Was sie verkennen: Geld ist ein sogenannter Demotivator. Will heißen: Wenn es augenscheinlich nicht stimmt mit der Bezahlung, dann kann und wird das negative Reaktionen hervorrufen. Aber der Umkehrschluss gilt eben nicht: Sie können Ihre Leute noch so sehr mit Materiellem in den tollsten Darbietungen überschütten – dauerhafte, belastbare Motivation, die auch und gerade in schwierigen Zeiten bei Gegenwind stabil bleibt, werden Sie dadurch nicht erzeugen. Niemals. Und bedenken Sie:

Wer für Geld kommt, geht auch wieder für Geld.

Zweitens: Motivation über Sicherheit. »Bei uns haben Sie einen sicheren Arbeitsplatz.« Nur Hornochsen glauben an solche Versprechungen. Was schon zu Zeiten stabiler Märkte schwierig war, mutet heute und zukünftig absurd an. Im Übrigen fragt die jüngere Generation immer weniger nach Sicherheit. Die Nachfrage nach Sicherheit nimmt wohltuend ab; gleichzeitig sprießen aber die Angebote wohlklingender Scheinsicherheiten immer noch wie Giftpilze aus dem Nährboden falsch verstandener Motivation. Eine besonders groteske Darreichungsform von Sicherheit ist der Ausschluss betriebsbedingter Kündigungen für eine bestimmte Anzahl von Jahren. Wer so etwas abschließt, versündigt sich am Unternehmen, weil er nachweislich dessen Wettbewerbsfähigkeit schwächt. Er versündigt sich ebenfalls an den Menschen im Unternehmen, weil er – konsequent zu Ende gedacht – die Lösungspartnerschaft aufkündigt. Selbstverständlich entpuppen sich solche Versprechen als Scheinsicherheiten, die kein vernünftiger Mensch, der mit seinem Unternehmen im Wettbewerb steht, abgeben kann.

Wer mit Sicherheit wirbt, spricht damit auch den sicherheitsorientierten Durchschnitt an, der nicht weiter auffällt. Das dann aber auch mit Sicherheit.

Drittens: Motivation über schöne Worte. Wie viele überflüssige Sonntagsreden haben Sie schon über sich ergehen lassen? Oder sogar selbst gehalten? Wir haben bereits erwähnt, was wir vom Gerede über »die wichtigsten Assets und Ressourcen« halten. Damit aber nicht genug. Immer wieder wird betont, dass man jetzt noch kundenorientierter werden wolle. Gleichzeitig werden die Kunden beispielsweise der Telekommunikationsbranche faktisch im Tarifdschungel hinters Licht geführt. Oder man wolle dem gerade gekauften Unternehmen alle unternehmerischen Freiheiten lassen. Faktisch wandern dort die besten Führungskräfte bereits ab, weil das Netz aus Vorschriften, Kontrollen, Reporting-Excel-Tabellen und sonstigem *one-size-fits-it-all* immer engmaschiger wird. Ach ja: Im Management werde man zukünftig noch stärker mit einer Stimme sprechen. Faktisch werden die Messer bereits geschärft, noch während diese Worte ausgesprochen werden, und die Giftmischung aus Bereichsegoismen, Selbstdarstellungen, Am-Stuhl-des-anderen-Sägen und Informationsgeheimhaltungen treibt die Transaktionskosten in eine schwindelerregende Höhe. Und wieder: Diese Kosten stehen in keiner Kostenrechnung.

Die klassischen Motivationsanstrengungen greifen nicht. Mehr noch: Sie haben enormen Schaden angerichtet.

Die Konsequenzen der gängigen Motivationsrituale sind gewaltig. Sehen wir uns diese Konsequenzen näher an. Sie mit klarem Blick nüchtern zu analysieren, ist überragend wichtig für die Zukunftsfähigkeit Ihres Unternehmens.

Konsequenzen der Motivationsrituale

Sonntagsgerede

Offensichtlich sind die Konsequenzen bei wortgewaltigen Versprechungen, die im faktischen Handeln keinerlei Wiedererkennungswert zeigen: Wenn Worte und Taten auseinanderfallen, kann es um die Glaubwürdigkeit nicht gut bestellt sein. Niemals. Es stellt sich eine Haltung ein, die wir in zahlreichen Unternehmen kennenlernen mussten: »Lass die doch erzählen. Am Ende wird es eh anders kommen. Auch dieses Thema wird an uns vorbeiziehen.« Es entsteht, Schritt für Schritt und in einem schleichenden Prozess, eine todsichere Mischung aus Gleichgültigkeit, Sich-ducken-und-den-Kopf-Einziehen,

Frustration und irgendwann innerer Kündigung. Bei manchen gesellt sich noch Zynismus dazu, der sicherste Totengräber jeder organisatorischen Entwicklung. Das Gefährliche hieran ist der schleichende Charakter: Eine inhaltslose Worthülse hier, ein nicht eingehaltenes Versprechen dort – es ist wie mit dem Bild des Frosches, das Sie vermutlich kennen: Werfen Sie einen Frosch in kochendes Wasser – die scheinbar brutale Variante –, springt er erschrocken heraus und überlebt. Legen Sie ihn jedoch in angenehm lauwarmes Wasser – die scheinbar harmlose Variante – und drehen die Temperatur schrittweise immer höher, dann verreckt er elendig in dem Wasser, das irgendwann zu heiß geworden ist.

Scheinsicherheit

Hinzu kommen die über Sicherheit codierten Motivationsanstrengungen. Was sind hier die Konsequenzen? Wir haben oben die These aufgestellt, dass (Schein-)Sicherheiten wie der Ausschluss betriebsbedingter Kündigungen die Lösungspartnerschaft beenden. Warum das so ist? Der von uns vorgeschlagene Begriff der Lösungspartnerschaft adressiert offensichtlich zwei Aspekte: *Lösung* beschreibt, dass es stets um die Sache, um das Ergebnis geht; und diese Sache kann und darf nur der Kundennutzen sein. Der hier relevante zweite Teil *Partnerschaft* meint, dass *beide* Partner zu einem gelungenen Miteinander beitragen – Mitarbeiter und Unternehmensleitung. Nicht in einem ständigen Gegeneinander aufrechnen. Das wäre kleinkariert und würde wiederum unnötige Transaktionskosten mit sich bringen. Wenn aber eine Seite der Partnerschaft künstlich von jeglicher Verpflichtung freigestellt wird, gerät die wechselseitige Dynamik, die gegenseitige Befruchtung, aus den Fugen.

Materielles

Schließlich der dritte Motivationstypus: Materielles. Aufgrund seines Verbreitungsgrades von nahezu 100 Prozent ist er von besonderer Relevanz. Wer mit materiellen Wohltaten wirbt, zieht auch Menschen an, die primär auf das Geld schauen. Wir erleben zahlreiche Unternehmer und Manager, die – aus wohlmeinendem Antrieb – in diese Falle getappt sind. Sehen wir uns eines der vielen Beispiele an.

MATERIELLE WOHLTATEN

Ein mittelständisches Unternehmen in der Gesundheitsbranche. Vor 25 Jahren gestartet als 16-Mann-Betrieb, dessen Leitung den Menschen im Unternehmen mit besten Absichten außergewöhnliche materielle und soziale Wohltaten zukommen ließ: 15 Monatsgehälter, zu Weihnachten eine besondere Goldmünze als Geschenk vom Gründer, eine Gourmetkantine, Massagen am Arbeitsplatz, vom Arbeitgeber gezahlte Mitgliedschaften im besten Sportklub der Stadt – scheinbar vorbildlich wertschätzend. Inzwischen war das Unternehmen hochprofitabel auf knapp 500 Mitarbeiter in drei Ländern gewachsen.
Aus Angst davor, Mitarbeiter zu enttäuschen und zu verlieren, sind die Wohltaten des Arbeitgebers mit der Anzahl der Mitarbeiter mitgewachsen. In den zahlreichen Einstellungsgesprächen werden die Segnungen der Sozialleistungen und die üppigen Gehälter besonders hervorgehoben.
Heute ist das Unternehmen knapp an der Insolvenz vorbeigeschrammt. Neben einem spürbar härteren Wettbewerbsumfeld und eklatanten Führungsfehlern ist die innere Verfassung des Unternehmens, ein Zustand der Verwöhnungsverwahrlosung, der dritte wesentliche Grund hierfür.

Ein Zustand der Verwöhnungsverwahrlosung, der vor allem eines nicht erzeugt: Motivation.

Es war ein schmerzlicher, langwieriger Prozess, eine Kultur im Unternehmen zu verankern, in der Leistung differenziert bewertet wird, in der keine oder geringe Leistungen auch spürbare Konsequenzen nach sich ziehen und in der die Sozialleistungen auf ein Normalmaß zurückgeschraubt wurden. Die Führungskräfte mussten sich auf ungewohnt harte Auseinandersetzungen einstellen. Und natürlich sind einige Mitarbeiter und Führungskräfte gegangen. Um die war es nicht schade. Es waren diejenigen, die genau wegen der materiellen Zuwendungen gekommen waren und nicht wegen der großen Freiräume, die das Unternehmen seinen Mitarbeitern bietet.

Wohlgemerkt: Wir reden hier nicht der Askese das Wort. Darum geht es nicht. Um Anspruchsdenken darf es jedoch auch nicht gehen.

Jeder Headhunter kann davon ein Lied singen, dass die Vertragsverhandlungen zur Ausstattung des Firmenwagens häufig länger dauern als zur Ausgestaltung der zukünftigen Aufgabe. Wir raten unseren Kunden stets, solche Menschen auf keinen Fall an Bord zu holen, seien Sie fachlich auch noch so kompetent. Der Volksmund sagt nicht zufällig: »Geld verdirbt den Charakter.« Deshalb:

Bezahlen Sie Ihre Mitarbeiter gut und fair. Aber überhäufen Sie sie nicht mit materiellen Wohltaten.

Belohnungen

Doch damit nicht genug. Eine besondere Spezies des Materiellen müssen wir gesondert betrachten: Belohnungen, neudeutsch *incentives*. Unsere Unternehmen sind durchsetzt mit Belohnungen der unterschiedlichsten Art:

- *»Strenge dich zwölf Monate schön an, dann bekommst du ein 13. Monatsgehalt!«* – Schon der Begriff zeigt, wie verquast viele im Kopf sind. Das Kalenderjahr hat immer noch zwölf Monate. Punkt. Es kann kein Gehalt für einen 13. Monat geben. Oder gar ein 14. und 15. wie in dem Unternehmensbeispiel.
- *»Erledige dieses Projekt neben deiner Linienaufgabe, dann wird es dein Nachteil nicht sein!«* – Viele Führungskräfte sind großartig darin, zusätzliche Aufgaben zu definieren – und bestenfalls mittelmäßig darin, zu erörtern, was anstelle dessen wegfällt.

- »*Treibe die Verkaufszahlen bis zum Jahresende nach oben, dann wirst du einen fetten Bonus erhalten!*« – Was die Kunden brauchen, ist völlig nebensächlich.
- »*Bewähre dich auf dieser Position noch drei Jahre, dann wirst du Abteilungsleiter mit höherem Gehalt werden!*« – Niemand bleibt auf Bewährung. Auf Bewährung wird man nur entlassen.
- »*Reiße dir in den nächsten acht Jahren ein bestimmtes Körperteil auf, dann werden deine Aktienoptionen fällig.*« – Falls der Kurs bis dahin nicht deutlich gestiegen ist, hast du Pech gehabt.
- »*Schließe noch in diesem Monat 20 Neuverträge ab, dann erhältst du eine schöne Sonderzahlung!*« – *Warum* dieser Vertriebler die Neuverträge bisher noch nicht abgeschlossen hat, bleibt unreflektiert.

Und so weiter und so weiter. Es ist ein Leichtes, das hinter den Motivationsritualen liegende Denkmuster zu erkennen: *Wenn* du etwas nach meinem Gusto getan hast, *dann* – aber auch erst dann – bekommst du etwas dafür. Wir glauben also nicht, dass unsere Mitarbeiter von sich aus, aus innerem Antrieb, aus einer inneren Haltung der Leistungsbereitschaft, ihr Bestmöglichstes beitragen? Misstrauen kann deutlicher kaum zum Ausdruck gebracht werden.

Belohnung fußt auf Misstrauen.

Die Belohnungsmaschinerie und ihre Folgen

Trotzdem fallen Tausende erwachsene Menschen immer wieder darauf herein, jeden Tag. Und verkennen dabei die folgenschweren Konsequenzen der Belohnungsmaschinerie:

Selbstoptimierung

Erstens: Anreize und Belohnungen führen zu Selbstoptimierungen. Sie lenken den Blick weg von der Sache und hin zum eigenen Vorteil.

Wenn Sie beispielsweise im Vertrieb Sonderzahlungen in Abhängigkeit von Quartalszahlen ausschütten, werden die Vertriebler genau danach ihr Handeln ausrichten und die Zahlen für das laufende Quartal optimieren. Hierauf kommt es aber nicht an. Es ist für uns immer wieder bemerkenswert, wie schwer verdaubar diese Aussage für viele Manager zu sein scheint. Worauf es dagegen ankommt, sind langfristige, auf Vertrauen basierende Kundenbeziehungen, die auch und gerade in Krisenzeiten stabil bleiben. Zudem: Sie optimieren ihre eigenen Zahlen; Erfolge anderer stören eher. Die Zusammenarbeit, deren Bedeutung wir im vorherigen Kapitel diskutiert haben, leidet, und in der Folge gehen irgendwann die *Gesamt*zahlen in den Keller.

Belohnungen führen genau zum Gegenteil dessen, wofür sie geschaffen wurden: Leistungsabfall statt Leistungsschub. Eigen- statt Gemeinsinn. Kurzfristige Optimierung statt mittel- bis langfristige Orientierung. Innen- statt Außensicht. Partikularinteresse statt Gesamtoptimum. Konkurrenz statt Kooperation. Entfremdung statt Identifikation.

Bürokratie

Zweitens: Die selbst geschaffene Bürokratie wächst, und die damit verbundenen Transaktionskosten schnellen in die Höhe. Denn Anreizsysteme fallen nicht vom Himmel, sie müssen zunächst konzipiert werden. Der nächste Schritt, in der Regel besonders zeitaufwendig, besteht in der internen Abstimmung. Viele der daran Beteiligten bringen zusätzliche (weiter in die Irre führende) Ideen ein, wie die Leistung des Einzelnen scheinbar noch genauer gemessen werden kann. Wir haben ausgeführt, dass Leistung immer uneindeutig ist. Zudem ist es Wunschdenken, individuelle Leistung im Unternehmenskontext isolieren zu können. Dennoch: Im laufenden Betrieb kommt es dann zu einer Fülle von Messungen, deren schriftlicher Dokumentation, nichtssagenden Auswertungen, endlosen Diskussionen und Nachjustierungen des Modells. Ein unglaublicher Aufwand. Die Organisation beschäftigt sich mit sich selbst.

Weg des geringsten Widerstands

Drittens: Belohnungen leiten uns auf die Wege des geringsten Widerstands. Nicht der wichtige Kunde, der mittel- bis langfristig ein enormes Geschäftspotenzial bringen kann, wird angesprochen, sondern derjenige, der den schnellen Abschluss ohne große Hürden verspricht, auch wenn er strategisch noch so unwichtig für die eigene Organisation ist. Nicht die anspruchsvolle Aufgabe wird angepackt, sondern der Kleinkram des Routinegeschäfts mechanisch abgearbeitet. Standard und Routine verdrängen das Experimentieren und kreative Ansätze.

Belohnung untergräbt Kreativität und Neugier.

Und die Geschäftsleitung wundert sich, dass schon lange kein innovativer Vorschlag, keine neue Produktidee, kein außergewöhnlicher, überraschender Ansatz der Marktbearbeitung mehr bis zur Chefetage vorgedrungen ist. Auch die Aktivitäten der Kundenbetreuung, die nicht unmittelbar mit einem Vertragsabschluss verbunden sind, werden immer seltener. Die Organisation sägt an dem Ast, auf dem sie sitzt. Und die verantwortlichen Hersteller der Motivationsspritzen haben die Säge selbst gebaut.

Mehr noch: Motivationsdrogen schwächen die Sinne für die mit einem Geschäft verbundenen Risiken. Ein Weg des geringsten Widerstands – ein besonders gefährlicher – besteht darin, bei der Risikobewertung eineinhalb Augen fest zuzudrücken. Die Aussicht auf den fetten Bonus individualisiert den Ertrag; das Risiko, vom Unternehmen getragen, wird allerdings sozialisiert – eine verheerende Schieflage. Seit dem Ausbruch der Wirtschafts- und Finanzkrise beobachten wir die perversen Auswüchse dieser Schieflage insbesondere im Finanzsektor. Schimpfen Sie auf Banker, die sich in Verlockung der Millionenboni in wilde Spekulanten verwandelt haben! Es ist gerechtfertigt. Aber: Durchforsten Sie auch Ihr eigenes Unternehmen beziehungsweise Ihren eigenen Verantwortungsbereich nach schädlichen Belohnungsspritzen und machen Sie es wieder zur drogenfreien Zone!

Fremdbestimmung

Viertens: Anreizsysteme sind hochkonzentrierter Dünger für den Nährboden der Fremdbestimmung. Nicht mehr *mein* Wirken, das ich aus *eigenem* Antrieb entfalte, steht im Mittelpunkt, sondern die Anreizlenkung durch andere. Nicht mehr um die Aufgabe, deren Erfüllung ich *selbst* gestalte, geht es primär, sondern um das Erreichen einer Belohnung, die andere mir gütigerweise zukommen lassen (oder auch nicht). So werden in einem schleichenden Prozess aus Mitarbeitern irgendwann belohnungssüchtige, unmündige Bonusempfänger. Im oben aufgeführten Unternehmensbeispiel haben wir die Auswirkungen bei einem großen Teil der Belegschaft beobachten können. Sie verlassen das Paradies der Selbstbestimmung. Sie verlieren Selbstvertrauen – im wahrsten Sinne des Wortes: die vitale Kraft des Selbst, der eigenen Person. Schließlich verlieren sie Selbstachtung, nach unserer Auffassung der höchste Preis, den ein Mensch zahlen kann.

Hier – und nirgendwo sonst – liegt im Übrigen die Ursache für Krankheiten wie Burn-out. Die gesamte, aufgeregte Diskussion hierzu geht an den Wurzeln vorbei. Auch wenn Sie bereits 48-mal etwas anderes gehört haben: Ein Burn-out hat nichts, aber auch gar nichts damit zu tun, wie viel und wie lange Sie arbeiten! Erlebte Fremdbestimmung ist die wesentliche Ursache für diese Modeerscheinung. Den empirischen Beleg liefern die Burn-out-Quoten in DAX-Unternehmen. Hier liegt der Finanzsektor, das Gravitationszentrum falsch gesetzter Anreize schlechthin, deutlich vor anderen Branchen.

Auch hier gilt also:

Die Belohnungsmaschinerie führt exakt zu dem Gegenteil dessen, wofür sie eingeführt wurde. Leistungserosion statt Leistungsexplosion.

Die nachstehende Abbildung fasst die wesentlichen Folgewirkungen zusammen.

Abbildung 5: Folgen der Belohnungsmaschinerie

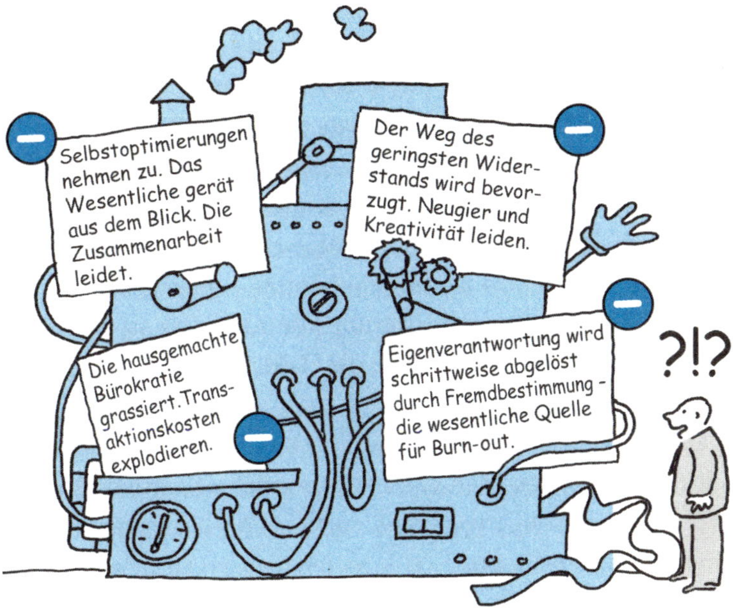

Es ist frappierend, dass das klassische Managementdenken von dieser Fehlorientierung partout nicht ablassen will, obwohl die Ergebnisse des Motivationsdramas erbärmlich ausfallen. Durch schlechte Führung entsteht der deutschen Wirtschaft ein Schaden in der Größenordnung von 120 bis 125 Milliarden Euro. Jahr für Jahr. Unsere These ist: Die Belohnungsmaschinerie trägt einen erheblichen Teil hierzu bei. In der Konsequenz haben, empirisch betrachtet, sieben von acht Mitarbeitern (87 Prozent) gar keine oder nur eine geringe emotionale Bindung an das Unternehmen, für das sie arbeiten – eine Verschwendung individueller Leistungskraft unvorstellbaren Ausmaßes.

Was tun?

Wie ist es bei Ihnen? Arbeiten Sie mit Mitarbeitern zusammen oder beschäftigen Sie Ressourcen, die Sie ständig aufputschen, wachrütteln und mit Anreizen von außen bombardieren müssen? Wirkliche, echte, belastbare Motivation kommt von *innen*. Diese sogenannte *intrinsische* Motivation ist es, die wir wiederentdecken müssen. Also: Bringen die Menschen, die in Ihrem Verantwortungsbereich arbeiten, ein natürliches – nicht von außen stimuliertes – Engagement für die Sache mit? Kommt ihre Begeisterung von innen? Es ist eine innere Haltung, nach der wir hier fragen: die Haltung einer *Leistungsbereitschaft*.
Was also tun? Unsere Beobachtungen aus vielen Jahren Zusammenarbeit mit unzähligen Menschen aus unterschiedlichsten Organisationen lassen sich auf frappierend einfache Weise zusammenfassen. Im Kern brauchen Sie nur zwei Voraussetzungen zu schaffen, damit sich diese Haltung, etwas leisten beziehungsweise beitragen zu wollen, in vollen Zügen entfaltet oder Schritt für Schritt wieder zurückkommt.

- *Freiheit* – Schaffen Sie Wahlmöglichkeiten in Form von Handlungs- und Entscheidungsbefugnissen, wo immer Sie können und so weitgehend wie möglich.
- *Sinn* – Erläutern Sie den übergeordneten Sinn und Zweck der Organisation. Finden Sie anfassbare Antworten auf die Frage nach ihrer Daseinsberechtigung. Nichts motiviert so stark, wie einen eigenen, erkennbaren Beitrag zu etwas Sinnvollem zu leisten.

Das ist alles.
Die nachstehende Abbildung illustriert, dass wir den Käfig des klassischen Managementdenkens verlassen müssen, um so etwas wie Leistungsbereitschaft innerhalb der eigenen Firmenmauern zu entdecken.

Abbildung 6: Leistungsbereitschaft

2 | Handlungs- und Gestaltungsmöglichkeiten schaffen

Noch vor zehn bis 15 Jahren galt: Je größer eine Organisation, desto interessanter erschien sie als Ort, in dem leistungsbereite und -fähige Menschen einen erheblichen Teil ihrer Zeit verbringen wollen. Die gute Nachricht für alle kleineren und mittelständischen Unternehmen: Diese Zeiten sind endgültig vorbei!

Wir gehen, gestützt durch zahlreiche Beobachtungen, noch einen Schritt weiter: Der Trend hat sich geradezu umgekehrt. Und zwar vorwiegend, weil mittelständische Unternehmen Gestaltungsmöglichkeiten für den Einzelnen bieten, von dem die Heerscharen in Konzernen nur träumen können. Dies ist der relevante Zusammenhang: Je größer eine Organisation wird, desto größer wird die Gefahr der Überreglementierung. Eine Ausgabe von 1000 Euro? Nur mit drei Unterschriften! Eine Dienstreise in die USA? Da müssen wir erst einmal den Chef des Chefs befragen. Der ist aber kaum erreichbar. Eine Idee für eine Produktverbesserung? Hier sind die 17 Formblätter. In der Folge erleben wir eine Fluchtbewegung weg aus Konzernen.

Die Schlussfolgerung für Ihre tägliche Führungsarbeit ist ebenso klar wie einfach: Führen Sie über *Ergebnisse* und nur über solche. Überlassen Sie den Menschen, mit denen Sie zusammenarbeiten, deren jeweils individuellen Weg dorthin. Diese individuellen Wege werden so unterschiedlich sein wie die Menschen selbst. Das ist nach unserer Überzeugung nicht nur zähneknirschend hinzunehmen, sondern gut so und sollte gefördert werden. Denn in den allermeisten Organisationen beziehungsweise Verantwortungsbereichen benötigen wir mehr Vielfalt und weniger Einheitsbrei. Regt sich bei Ihnen gerade innerer Widerstand, wenn Sie das lesen? »Herrscht dann Anarchie?« »Kann dann jeder tun und lassen, was er will?« Natürlich nicht. Eine Freiheit ohne Begrenzung wäre gegenstandslos und würde nicht greifbar dahinwabern. Handlungs- und Gestaltungsräume sind auch Räume, und Räume haben Grenzen. Niemand soll das Tafelsilber stehlen. Niemand soll den Erfolg einer Abteilung gefährden. Aber diese Grenzen so weit wie möglich abzustecken und nicht eng – das ist die Aufgabe guter Führung und das haben die wirksamsten Führungskräfte genau verstanden. Dabei wird das Ausmaß der Entscheidungsbefugnisse und Handlungsspielräume je nach Aufgabe und Kontext unterschiedlich ausfallen, auch das ist selbstverständlich.

Die Macht der Freiheit

Diese »Macht der Freiheit« ist nicht nur eine Meinung, die wir hier vertreten – sie ist empirisch belegt und von höchster betriebswirtschaftlicher Relevanz. Es gibt unzählige Belege, sehen wir uns ein paar davon an.

Das Institut für Demoskopie Allensbach hat das Phänomen der Freiheit aus verschiedenen Blickwinkeln untersucht. In einer der Studien wurde nachgewiesen, dass der Krankenstand bei Personen, die über einen niedrigen Freiheitsgrad bei der Erledigung ihrer Aufgaben verfügen, mehr als doppelt so hoch ist wie bei denjenigen, die hohe Freiheitsgrade haben. Jeder Praktiker kann leicht für seine Organisation

ausrechnen, wie hoch die wirtschaftlichen Auswirkungen einer Halbierung des Krankenstands sind.
Hinzu kommt der Befund bezüglich eines Phänomens, von dem sich wohl nahezu jede Führungskraft eine kräftige Portion mehr wünscht in der eigenen Mannschaft: Selbstverantwortung. Allensbach führte hierzu eine repräsentative Umfrage mit folgender Fragestellung durch: »Ich möchte Ihnen einen Fall erzählen von zwei Kollegen, die beide an einem Auftrag arbeiten, der morgen fertig sein muss. Als der eine abends mit seinem Teil fertig ist, merkt er, dass sein Kollege seine Arbeit nicht fertig gemacht hat und gegangen ist. Finden Sie, er sollte die Arbeit seines Kollegen zu Ende führen, damit der Auftrag rechtzeitig fertig wird, oder finden Sie, das braucht er nicht zu tun?« Bei den Befragten mit großem individuellem Freiheitsgefühl sind 69 Prozent der Meinung, er solle die Arbeit zu Ende führen. Bei denjenigen, die wenig Handlungs- und Gestaltungsfreiheiten haben, sind es lediglich 28 Prozent. Diese Analysen werden seit über 30 Jahren durchgeführt; die Werte wiederholen sich auf frappierend konstantem Niveau.

Freiheit bindet.

Hier liegt die ergiebigste Quelle für dauerhafte, belastbare Motivation, die auch und gerade in schwierigen Situationen stabil bleibt.

Radikale Umsetzung

Für die praktische Umsetzung dieses Grundsatzes wird es allerdings nicht ausreichen, Entscheidungsbefugnisse durch höhere Wertgrenzen auszubauen, ein paar Abläufe inkrementell zu vereinfachen (obwohl schon dies in vielen Organisationen wohltuend wäre) und dem Mitarbeiter nicht mehr täglich, sondern nur noch jeden zweiten Tag bei der Erledigung seiner Aufgaben über die Schulter zu schauen.
Wir müssen das Thema ganz anders, radikaler denken. Und tatsächlich beobachten wir, dass erste Unternehmen ihren Mitarbeitern Gestal-

tungsmöglichkeiten einer ganz anderen Art einräumen. Im Folgenden bieten wir Ihnen zwei Ansatzpunkte für Handlungs- und Gestaltungsmöglichkeiten an, die auf (fast) keiner Managementagenda stehen. Dabei wählen wir bewusst Themen, die für jedes Unternehmen relevant sind.

Urlaub

Woher wissen Sie eigentlich, dass jeder Ihrer Mitarbeiter genau die gleiche Anzahl von Urlaubstagen im Jahr haben möchte? Es ist nicht so. Stellen Sie dieses scheinbar unerschütterliche Paradigma infrage. Ersetzen Sie es dadurch, dass jeder Einzelne selbst *wählen* kann, wie viele Tage er in einem bestimmten Jahr Urlaub nimmt. Natürlich beziehen Sie dies auf einen Basiswert, beispielsweise 25 Tage, und passen das Jahresgehalt entsprechend anteilig nach oben oder unten an. Der gleiche Mitarbeiter wird in einem Jahr nur 18 Tage nehmen, im nächsten die lange geplante Weltreise unternehmen und 40 Tage Urlaub machen und im darauf folgenden Jahr wieder eine andere Anzahl von Tagen. Ganz davon zu schweigen, dass unterschiedliche Lebensabschnitte unterschiedliche Bedürfnisse an freier Zeit außerhalb des Unternehmens erfordern können.
Sie halten das für nicht machbar, weil dann das Chaos ausbricht? Es wird nicht ausbrechen. Natürlich müssen die betrieblichen Abläufe koordiniert werden. Eine Selbstverständlichkeit. Ob starre, gleichmachende oder flexible, individuelle Urlaubsregelung, macht hierfür keinen nennenswerten Unterschied.
Sie halten das für verrückt? Wenn normal ist, was alle machen, dann ist dieser Vorschlag wirklich verrückt. Denn bis heute haben erst wenige Unternehmen die Idiotie der gängigen Praxis – gleicher Urlaub für alle – erkannt und entsprechend verändert. Wir garantieren Ihnen: Es sind erst die Vorboten. In zehn Jahren wird unser Vorschlag zum Standardrepertoire im Kampf um leistungsfähige und -bereite Nachwuchskräfte gehören. Zumal sich die Wertmaßstäbe der nachwachsenden Generation, der heute unter 30-Jährigen, von denen der heute Führenden fundamental unterscheiden. Unseren Unternehmen

wird ein Ausmaß an Flexibilität abgefordert werden, das erst wenige erkannt haben. Die Möglichkeit, seinen Urlaubsumfang selbst wählen zu können, ist ein Beitrag hierzu. *Noch* können Sie sich damit positiv vom Wettbewerb abheben.

Gestaltungsmöglichkeiten sind kein Placebo aus der Personalabteilung, sondern unabdingbares Element der zukünftigen Wettbewerbsfähigkeit Ihres Unternehmens.

Lebensarbeitszeit

Wer um Himmels willen legt fest, dass alle Männer mit 67 und alle Frauen mit 65 nicht mehr in der Lage sind, im Erwerbsleben zu stehen? Einst als wichtiges und berechtigtes Anliegen der deutschen Sozialgesetzgebung zum Schutz vor Ausbeutung eingeführt. Heute hoffnungslos überholt. Um nicht missverstanden zu werden: Dass es eine Richtgröße dieser Art gibt, eine Altersschwelle, an der sich Organisation und Mitarbeiter in die Augen blicken und fragen: Wie soll es jetzt weitergehen mit uns beiden? Das ist mehr als recht und billig. Dass aber einheitlich festgestellt wird, dass jeder Mensch mit 67 nicht mehr arbeiten kann, ist ein Gruß aus der Planwirtschaft, die wir hinter uns lassen sollten. (Dass es nun wieder Bestrebungen gibt, die Lebensarbeitszeit auf 65 und noch tiefer zurückzuschrauben, ist ein Treppenwitz der besonderen Art.)

Als Unternehmen tun Sie gut daran, sich über diese künstlichen Grenzen hinwegzusetzen und sich mit formal altersbedingt ausscheidenden wertvollen Mitarbeitern und Führungskräften zusammenzusetzen. Gemeinsam überlegen Sie, ob und welchen Beitrag der verdiente Leistungsträger weiterhin geben kann und möchte – zum beiderseitigen Wohl: für das Unternehmen, um wertvolle Kompetenzen und Fähigkeiten zu erhalten und weitergeben zu können. Gerade angesichts der Binsenweisheit, dass die demografischen Entwicklungen in Deutschland den dringenden Bedarf an guten Fach- und Führungskräften in den kommenden Jahren massiv steigern, wird dieser Umgang mit der Lebensarbeitszeit einen Wettbewerbsvorteil darstellen.

Für den einzelnen Mitarbeiter, für den der komplette Abbruch eines Arbeitsverhältnisses eine Strafe darstellt, heißt das oft: Jemand, der einen großen Teil seiner Lebenszeit mit Leidenschaft im Unternehmen verbracht hat, kann nicht von heute auf morgen aufhören, ohne depressiv zu werden – vorausgesetzt, seine Gesundheit ist entsprechend.

LEBENSARBEITSZEIT

Staatsdienst: einer der verdientesten, erfahrensten und klügsten Beamten des Auswärtigen Dienstes auf seinem letzten Botschafterposten in Südamerika. Ein Mann, der nicht nur neun Sprachen fließend spricht, darunter Serbokroatisch, Japanisch, Koreanisch und Chinesisch, sondern der eine zentrale Rolle bei den Friedensverhandlungen auf dem Balkan in den 1990er-Jahren gespielt hat, nähert sich der Pensionsgrenze. Er ist voller Tatendrang und Gesundheit. Sein Arbeitgeber sieht aber keine Möglichkeit, ihn weiter zu beschäftigen – obwohl gerade dringend Leute seines Profils und seiner Erfahrung für einen Sondereinsatz im Balkan gebraucht werden. Keine Chance, trotz aller Kämpfe. Dienstrecht ist Dienstrecht. Immerhin hat er noch weitere zehn Jahre erfolgreich Wahlbeobachtermissionen in Krisenherden der Welt leiten können – unter der Flagge der Vereinten Nationen. Die nahmen ihn mit Kusshand.

Mehr und mehr Unternehmen erkennen den Schatz der gar nicht so alten Leistungsträger und finden flexible Lösungen für eine volle Weiterbeschäftigung, für Teilaufgaben oder auch für die Aus- und Weiterbildung junger Nachwuchskräfte. Nehmen Sie sich den Gestaltungs- und Entscheidungsfreiraum für die Lebensarbeitszeit.
Die Liste ließe sich leicht verlängern. Also: Wenn Sie davon überzeugt sind, dass Handlungs- und Gestaltungsmöglichkeiten Ihren Mitarbeitern guttun, dann denken Sie das Thema radikal. Gehen Sie mit Ihren

Lösungen deutlich über das tägliche Allerlei hinaus. Es wird auch Ihrem Unternehmen guttun.

3 | Teufelszeug Zeiterfassung

»Zutrauen« könnte nicht offensichtlicher mit Füßen getreten werden als durch Stechuhren in den Eingangskorridoren. Natürlich ist uns bewusst, dass wir mit diesem Thema ein besonders »heißes Eisen« anfassen. Aber es führt kein Weg daran vorbei. Denn die Erfassung von Arbeitszeit ist nicht nur irgendeine Frage der Organisationsgestaltung, sie drückt, so sichtbar wie kaum etwas anderes, Ihre grundlegende Haltung gegenüber der Bereitschaft und Fähigkeit Ihrer Mitarbeiter zur Selbstverantwortung aus.
Dies ist die Realität, morgens zwischen sieben und neun Uhr, an den Stechuhren in vielen Tausend Eingangskorridoren: »Guten Morgen, lieber Mitarbeiter, leider misstraue ich dir (trotzdem rede ich ständig von unternehmerischem Denken und Handeln).« Und nachmittags das gleiche Ritual: »Tschüss, lieber Mitarbeiter, leider misstraue ich dir immer noch.« Nun ist Zeiterfassung nicht nur ein bürokratisches Monster, das erhebliche administrative Kosten verursacht (nur zur Erinnerung, es sind hausgemachte Kosten, für die kein Kunde der Welt Sie bezahlt).
Wichtiger noch sind uns in diesem Zusammenhang die verheerenden *Folgewirkungen* der Zeiterfassung. Die wichtigsten:

- *Fehlorientierung* – Wer stempeln muss, wird mit mechanischer Sicherheit seinen Blick immer stärker auf den Faktor Zeit lenken. Wann sind die acht Stunden abgesessen? Wann ist der nächste freie Tag angespart? Hierauf kommt es aber nicht an. Was zählt, sind individuelle Beiträge und Ergebnisse.
- *Misstrauen* – Halten Sie Ihre Mitarbeiter nicht für dumm. Sie spüren die hinter der Stechuhr liegende Haltung des Misstrauens. Vielleicht artikulieren es nur wenige. Aber die wache Mehrheit

fragt sich, manchmal unbewusst, was dieses Überwachungskorsett eigentlich soll. Und die besonders Leistungsbereiten empfinden das Stempeln als Zumutung. »Warum haben die Geschäftsführer nicht das Zutrauen in mich? Mir geht es hier um die Sache, nicht um meine Zeit. Im Übrigen arbeite ich zwei- bis dreimal pro Woche abends zu Hause weiter.« Nur eine von vielen Stimmen aus unserer täglichen Arbeit.

Die nachstehende Abbildung illustriert die Spirale des Misstrauens, die bei Zeiterfassung unausweichlich ist.

Abbildung 7: Spirale des Misstrauens

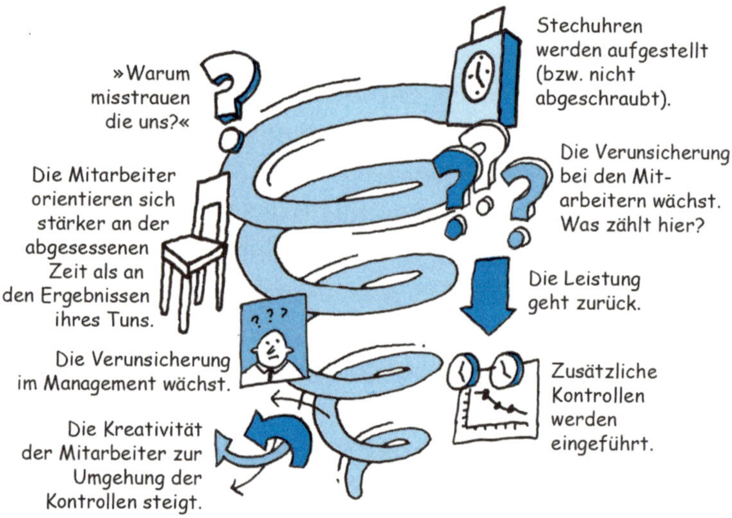

Daher gilt:

Zeiterfassung ist Gift. Wer sie einführt beziehungsweise nicht abschafft, wird nie ein vitales Unternehmen haben.

Sie finden das übertrieben oder nicht praktikabel für Ihr Geschäft? Haben Sie den Mut, die folgenden Gedanken für Ihr Unternehmen anzuwenden. Wie viel vom »Das geht nicht« übrig bleibt, werden wir dann sehen. Sie werden sich wundern, welche vitale Wirkung Ihr Schritt, Ihren Mitarbeitern etwas zuzutrauen, entfalten wird.

Und der Nachwuchs?

Wer Zweifel hat, sollte sich zunächst mit den Wertmaßstäben der jüngeren Jahrgänge beschäftigen. Für die heute unter 30-Jährigen (»Generation Y«) verschwimmen die Grenzziehungen zwischen Arbeits- und Privatleben immer stärker; der eine Bereich schwappt in den anderen über. Die *Shell Jugendstudie* stellt heraus, dass für diejenigen, die nun in unsere Unternehmen strömen – und nach und nach Führungsaufgaben übernehmen werden –, die folgenden Wertorientierungskategorien zwischen 2002 und 2010 am stärksten in der Bedeutung gestiegen sind: ein gutes Familienleben führen, eigenverantwortlich handeln, Gestaltungsfreiräume haben, fleißig sein, aber auch das Leben genießen und einen hohen Lebensstandard pflegen. Baff! Hier kommt also eine Generation, die Leistungsbereitschaft und Eigenverantwortung mit dem Leben außerhalb der Firma in einer Weise verknüpft, die das monotone Work-Life-Balance-Gequatsche endlich in den Schatten stellt.

Dies ist unsere optimistische und Mut machende Erwartung: Unsere Unternehmen werden schon bald von Menschen bevölkert sein, die alle Voraussetzungen zu eigenverantwortlichem Handeln mitbringen. Sie suchen spannende und abwechslungsreiche Projekte, in denen sie wachsen können; sind sehr aktiv; Status ist ihnen unwichtig; Inhalte zählen mehr als Geld; Sicherheit oder ein fester Arbeitsplatz haben einen deutlich geringeren Stellenwert als noch bei Generationen vorher. Schließlich: Sie haben einen starken eigenen Willen und eigene, durch die Transparenz des Internets gestählte Standpunkte.

Aber aufgepasst: Gleichzeitig steigen die Anforderungen an Führung. Sie haben deutlich weniger Loyalität zu einem Arbeitgeber, sondern mehr zu einzelnen Bezugspersonen, von denen sie lernen können. Die Fluktuation wird steigen – immer dann, wenn es nicht mehr interessant ist, ziehen die Menschen dieser Generation zum nächsten Unternehmen oder machen sich zunehmend selbständig. Sie arbeiten, pointiert gesagt, wann und wo es ihnen passt. Jedenfalls gilt:

Die digital natives werden Kontrollmonster wie Stechuhren endgültig ad absurdum führen.

Einwände

Wir kennen natürlich die immer wieder angeführten Einwände gegen unsere Position. Da sie sich (noch) hartnäckig halten, hier die wichtigsten im Überblick:

- *»Wenn ich die Zeiterfassung abschaffe, nutzen meine Leute das aus.«* – Immer wieder werden wir mit dem Vorwand konfrontiert, die Abschaffung der Zeiterfassung würde zu inakzeptabel hohem Missbrauch führen. Hier werden allerdings Ursache und Wirkung verwechselt. Die Ursache für den Missbrauch liegt nicht im Abschrauben der Stechuhren, sondern darin, dass Sie in diesem Fall offensichtlich die falschen Leute an Bord haben. Keine *Lösungspartner*, sondern Lohnsklaven, die ohne Leidenschaft einen mittelmäßigen Job machen und nicht weiter auffallen. Es wird in der Tat den einen oder anderen geben, der ohne Zeiterfassung noch weniger arbeitet als vorher. Aber das sind Ausnahmen. Der Missbrauch *mit* Zeiterfassung liegt in der Regel um ein Vielfaches höher. Die Anekdotenliste ist lang. Bedenken Sie: Jede Reglementierung fördert die Kreativität, sie zu umgehen.
- *»In der Verwaltung mag das ja funktionieren, aber in der Produktion brauche ich das, sonst brechen die Fertigungsabläufe zusammen.«* – Prüfen Sie diesen Gedanken: Was hier beschrieben wird, ist keine Auseinandersetzung mit dem Thema Zeiterfassung, sondern die schlichte Notwendigkeit, die betrieblichen Abläufe zu regeln. Eine Selbstverständlichkeit. Wenn Sie in der Fertigung

drei Schichten an sechs Tagen fahren, muss das organisiert werden. Genauso wie in der Verwaltung, wo beispielsweise eine bestimmte Erreichbarkeit für Dritte gewährleistet sein muss. Verwechseln wir also nicht Stechuhren zur Kontrolle unmündiger Gehaltsempfänger mit der Organisation betrieblicher Abläufe.

- *»Der Betriebsrat fordert das aber.«* – Bei allem Respekt für die sperrige Art mancher (nicht aller!) Betriebsräte: Fragen Sie sich bitte, was Sie hier gerade sagen. Wer führt das Unternehmen? Wer so denkt, macht sich zum Spielball anderer. Dafür werden Sie nicht bezahlt. Überlassen Sie Opferstorys anderen.
- *»Es sind meine eigenen Mitarbeiter, die die Zeiterfassung haben wollen.«* – Natürlich wird diese Reaktion kommen, zumindest bei einem Teil Ihrer Mannschaft, vor allem den »Laut-Sprechern«. Entscheidend ist, wie Sie damit umgehen. Unsere Empfehlung: Gehen Sie mit jedem Einzelnen in einen Dialog und finden Sie heraus, ob dieser Mitarbeiter (wieder) ein *Lösungspartner* werden kann oder ob er tatsächlich nur seine Zeit absitzen will. Trennen Sie sich in letzterem Fall und nehmen Sie, wo immer es wirtschaftlich vertretbar erscheint, die arbeitsrechtlich aufgepumpten Trennungskosten in Kauf. Es werden so viele Fälle nicht sein, denn die allermeisten Menschen wollen etwas beitragen und die Früchte ihres Wirkens sehen.
- *»Ich habe das hier so vorgefunden und kann das nach so vielen Jahren nicht mehr ändern.«* – Natürlich können Sie. Wenn Sie es nicht machen, ist Ihnen der Preis zu hoch. Der Preis in diesem Fall könnte ein tief greifender Veränderungsprozess sein, der ins Mark des Unternehmens führt und allerlei Unsicherheiten und Verwerfungen mit sich bringt. Wir können Sie aus eigener Erfahrung bestärken, mutig zu sein. Selbst in stark kontaminierten Unternehmen kann eine Transformation der Unternehmenskultur gelingen.
- *»Wir bezahlen aber nach gearbeiteten Stunden.«* – Gut, das ist eine Entscheidung. Aber es ist die falsche.

- *»Ich muss meine Mitarbeiter schließlich beurteilen.«* – Nun, auch hier ohne Umschweife: Wer in seinem Verantwortungsbereich Stempeluhren benötigt, um individuelle Leistung zu beurteilen, der versagt als Führungskraft.

Gerade Ihre Leistungsträger finden Zeiterfassung lächerlich oder beleidigend.

4 | Gute Führungspraxis wachhalten

Mit Büchern über Führungsfragen lassen sich ganze Bibliotheken füllen. Woran es aber mangelt, sind Abhandlungen über die Frage, wie die Umsetzung dessen, was im Unternehmen als für gute Führung relevant erachtet wird, auch die notwendige *Verbindlichkeit* bekommt und in der viel zitierten Hektik des Alltagsgeschäfts wach- und präsent gehalten werden kann. Hier herrschen betretenes Schweigen und allgemeine Ratlosigkeit.

Da wir in unserer Arbeit nahezu jeden Tag mit dieser Frage konfrontiert werden und gleichzeitig in unzähligen Verantwortungsbereichen erhebliche Führungsdefizite – manchmal regelrechte Führungsdramen – erleben, haben wir hierzu eine praxiserprobte Antwort entwickelt. Unser Vorgehen besteht aus zwei Elementen. Der erste Schritt mag Ihnen bekannt vorkommen, schließlich wimmelt es von Führungsleitlinien in Unternehmensfluren (dabei müssten sie in vielen Fällen eher »Leidlinien« heißen). Diese Werke allein entwickeln nicht ansatzweise die verpflichtende Kraft, die wir uns von ihnen erhoffen. Daher ist der entscheidende zweite Schritt ausschlaggebend. Erst der Führungsmonitor erzeugt ein Höchstmaß an Verbindlichkeit zu Führungsfragen, nach der alle suchen. Doch sehen Sie selbst.

Gemeinsamen Anspruch an Führung formulieren

Im ersten Schritt geht es darum, Führungsleitlinien zu entwickeln, die einen verbindlichen und für alle Führungskräfte gültigen Rahmen für deren tägliches Führungshandeln darstellen. Sie formulieren einen Anspruch: Es ist der Anspruch, die in den Führungsleitlinien beschriebenen Standards zumindest nicht zu unterschreiten. Die Summe der Führungsleitlinien und die sich daraus ableitende Ausgestaltung auf den unterschiedlichen Führungsebenen bilden das Führungsverständnis, das das jeweilige Unternehmen prägt. Wichtig ist in diesem Zusammenhang, hiervon den Führungs*stil* abzugrenzen. Führungsstil ist und bleibt individuell und eine Frage der eigenen Authentizität.

Es ist bei der Entwicklung von Führungsleitlinien essenziell, die Beteiligten zu Mitautoren zu machen. Nur so bekommen sie die erforderliche Akzeptanz und Verbindlichkeit. Wir sind jedoch der Meinung, dass Führung nicht nur eine Angelegenheit für diejenigen ist, die Titel wie Team-, Abteilungs- oder Bereichsleiter beziehungsweise Geschäftsführer oder Vorstand tragen. Vielmehr kann *jeder* Mitarbeiter zu einer gelungenen Mitarbeiter-Chef-Beziehung beitragen. Wir folgen mit dieser Auffassung dem Konzept des *Followership*, das auf Harvard-Professorin Barbara Kellerman zurückgeht.

Dieser Überzeugung folgend, ist es naheliegend, die Führungsleitlinien in Mitarbeiterworkshops zu verifizieren. Hierfür empfehlen wir die folgenden Fragestellungen:

- Welche Ergänzungen gibt es aus Ihrer Sicht zu den Führungsleitlinien?
- Was kann *ich selbst* dazu beitragen, dass diese Führungsleitlinien im Alltag auch tatsächlich angewendet werden?

Es ist bemerkenswert, mit welcher Ernsthaftigkeit sich die allermeisten Mitarbeiter mit den Führungsleitlinien auseinandersetzen. In aller Regel hagelt es geradezu konkrete Ansatzpunkte zur Frage, was jeder

Einzelne beitragen kann. Eine Erfahrung, die wir in nahezu jedem Unternehmen in dieser Thematik machen.

Individuelle Führungsleistung bewerten

Dann der entscheidende zweite Schritt. Um der Gesamtthematik noch spürbar mehr Nachdruck und Verbindlichkeit zu verleihen, haben wir eine Methodik entwickelt, mit der das individuelle Führungshandeln jeder einzelnen Führungskraft eingeschätzt werden kann. Dabei erscheint uns der Bezug auf die verabschiedeten Führungsleitlinien naheliegend, schließlich sind diese als besonders wichtige und relevante Themen identifiziert und formuliert worden, durch die die Qualität der Zusammenarbeit bestimmt wird.

Das Vorgehen besticht durch seine Einfachheit und Stringenz. Jeder Mitarbeiter bekommt die Möglichkeit, das Führungshandeln seines Chefs einzuschätzen. Wichtig ist dabei die einzige Leitfrage: »Wie stark setzt meine Führungskraft die Führungsleitlinien in der Praxis um?« Die Einschätzung erfolgt auf einer sechsstufigen Skala (sechs – gar nicht; bis eins – herausragend). Die nachfolgende Abbildung verdeutlicht exemplarisch das Ergebnis.

Neben der quantitativen Einschätzung mittels der Skala können die Mitarbeiter auf einer zweiten Seite folgende einfache Fragen beantworten:

- An meiner Führungskraft schätze ich am meisten …
- An meiner Führungskraft vermisse ich am meisten …
- Ich selbst werde in den nächsten Monaten meine Führungskraft ganz konkret bei der Umsetzung der Führungsleitlinien in die Praxis unterstützen, indem ich …

Wie Sie unschwer erkennen, leitet sich die dritte Frage wiederum aus dem Konzept des *Followership* ab, wonach beide Seiten – Mitarbeiter und Chef – zu einer gelungenen Führungsbeziehung beitragen können und sollten.

Abbildung 8: Führungsmonitor

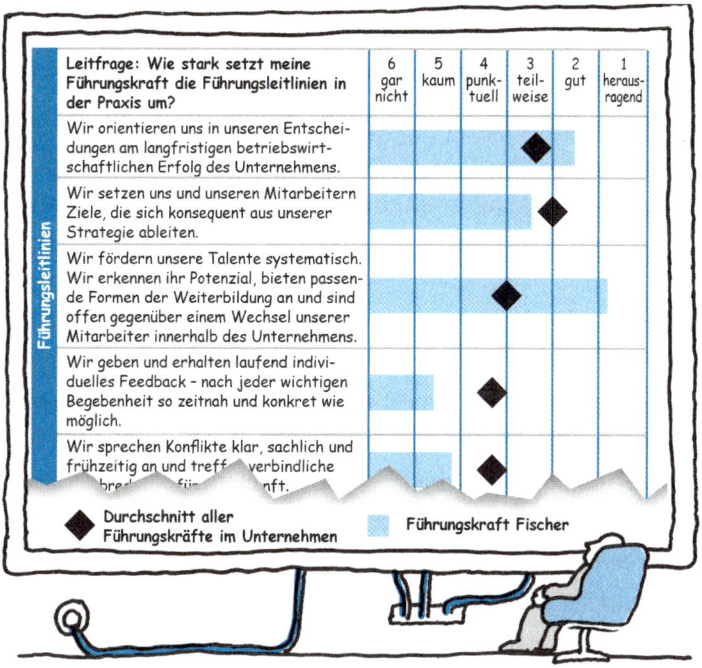

Durch den Führungsmonitor erhält jede Führungskraft ihr individuelles Führungsprofil, das auf der Einschätzung aller Mitarbeiter beruht, die an die jeweilige Führungskraft berichten. In der Regel stellen wir auch die Einzelbewertungen grafisch dar (aus Vereinfachungsgründen haben wir hier darauf verzichtet), denn es macht einen Unterschied, ob die an mich berichtenden Mitarbeiter meine Führungsleistung sehr ähnlich und weitgehend kongruent einschätzen oder die einzelnen Rückmeldungen das gesamte Bewertungsspektrum abdecken und weit auseinanderklaffen.

Im hier auszugsweise dargestellten Profilbeispiel von Führungskraft Fischer ist deutlich zu erkennen, wo die Verbesserungsfelder in seinem Führungshandeln liegen: In den Führungsleitlinien, die sich auf Feedback und Konflikte beziehen, schneidet er schlecht ab und liegt auch deutlich unterhalb des Durchschnittswertes aller Führungskräfte. Was dagegen die systematische Förderung von Talenten angeht, sollte

Fischer sein Handeln und seine Erfahrungen unbedingt innerhalb des Unternehmens teilen, damit andere Führungskräfte – die hier im Durchschnitt mäßig abschneiden – in dieser Frage von ihm lernen können.
Ein wichtiger Baustein des Vorgehens besteht darin, die Ergebnisse des Führungsmonitors in ausführlichen Vier-Augen-Gesprächen mit der jeweiligen Führungskraft zu erörtern. Dafür sind unter anderem folgende Fragen hilfreich:

- »*Wie beurteilen Sie das Gesamtergebnis?*« – Schon diese erste Frage gibt in hohem Maße Aufschluss darüber, wie ernsthaft sich die jeweilige Person mit den Ergebnissen auseinanderzusetzen bereit ist.
- »*Welche Ergebnisse sind überraschend für Sie, welche nicht?*« – Hier werden Indikationen sichtbar, in welchen Bereichen Eigen- und Fremdwahrnehmung übereinstimmen und wo nicht.
- »*Wie können Sie Ihre wesentlichen Stärken in der Organisation teilen und andere an Ihren Erfahrungen teilhaben lassen?*« – Die Diskussion lässt erkennen, inwieweit die jeweilige Führungskraft an das Interesse des Gesamtunternehmens denkt oder sich auf den eigenen Verantwortungsbereich beschränkt.
- »*Welche wesentlichen Schwächen sehen Sie bei sich aufgrund des Führungsprofils?*« – Es ist bemerkenswert, wie unterschiedlich einzelne Führungskräfte mit dieser Frage umgehen. Während manche sich in Ausflüchte, Relativierungen und Schuldzuweisungen stürzen und in der Folge sowieso die Aussagekraft der gesamten Methodik anzweifeln, sind andere ernsthaft interessiert an den kritischen Rückmeldungen und suchen in der gemeinsamen Reflexion nach geeigneten Maßnahmen, sich zu verbessern.
- »*Welche konkreten Schritte nehmen Sie sich für die nächsten drei Monate vor? Welche für die nächsten zwölf Monate?*« – Es wird sichtbar, in welchem Ausmaß die jeweilige Führungskraft aktionsorientiert denkt und bereit ist, sich auf konkrete Maßnahmen mit verbindlichem Charakter einzulassen.

Diese Gespräche gehören zu den intensivsten Begegnungen in unserer Arbeit. Mit einer Haltung, die offen ist für die Sichtweisen, Kenntnisse und Erfahrungen anderer innerhalb und außerhalb des Unternehmens, können sie für jede einzelne Führungskraft von unschätzbarem Wert sein.

Der Führungsmonitor schließt die Lücke zwischen dem übergreifenden Anspruch, der durch Führungsleitlinien formuliert wird, und dem konkreten, faktischen Handeln der einzelnen Führungskräfte im Unternehmensalltag.

Nach unserer praktischen Erfahrung sind etwa sechs bis zwölf Monate nach der erstmaligen Anwendung des Führungsmonitors spürbare Verbesserungen im Führungshandeln der beteiligten Führungskräfte sichtbar. Das bedeutet mit anderen Worten: Es werden spürbare Verbesserungen der Leistungs- und Wettbewerbsfähigkeit des Unternehmens sichtbar.
Idealerweise wird der Führungsmonitor einmal pro Jahr durchgeführt. Dabei sind nach ein bis zwei Jahren zeitsparende digitale Varianten durchaus möglich.
Den Führungsmonitor anzuwenden, ist ein mutiger Schritt. Aber es ist der entscheidende Schritt. Denn *hier* werden die übergreifenden Themen Werte und Führung in ein Gerüst überführt, das in höchstmöglichem Ausmaß Verbindlichkeit schafft.

Durch den Führungsmonitor wird Führung verbindlich. Endlich.

Sicher stellen Sie sich jetzt vor, welche Einschätzung Sie für Ihren Chef abgeben würden oder welche Bewertung Sie selbst bekämen. Vielleicht fragen Sie sich auch, ob nicht Ihre Mitarbeiter die Gelegenheit ausnutzen und Ihnen so richtig »eins auswischen« würden. Wir können aus zahlreichen Anwendungen des Führungsmonitors in der Praxis in unterschiedlichsten Unternehmen mit Gewissheit sagen: Es ist bemerkenswert, wie ernsthaft und konstruktiv nahezu alle Teilnehmer den Führungsmonitor anwenden.

Feedback geben und einfordern

Es gibt kein wichtigeres Führungsinstrument als Feedback. Es ist in besonderer Weise geeignet, gute Führung im Unternehmensalltag wachzuhalten. Wir werden häufig gefragt, welche eine Maßnahme die Führungskultur eines Unternehmens besonders stark verbessern würde. Natürlich verbietet sich im Grunde genommen jede Antwort, denn erstens wird es immer das Zusammenspiel verschiedener Themen sein, und zweitens ist jedes Unternehmen mit seiner aktuellen Führungssituation einzigartig. Und dennoch:

Der wirksamste Hebel für eine lebendige, lernfähige, selbstbewusste und vitale Organisation ist professionelles Feedback.

Feedback ist das beste, wichtigste, wirkungsvollste und einfachste Führungsinstrument überhaupt. Der Kern: Gutes Feedback muss so zeitnah wie möglich erfolgen, am besten direkt im Anschluss an die jeweilige Begebenheit. Wer weiß denn noch, was sich genau zugetragen hat vor vier Wochen oder gar acht Monaten? Niemand. Des Weiteren: Machen Sie Ihr Feedback so konkret wie möglich, nicht summarisch-abstrakt. Wer diese beiden Punkte ernst nimmt, hat schon mehr als die halbe Miete gewonnen. Für eine genaue Betrachtung sehen wir uns die vier Stufen an, aus denen ein gutes, professionelles Feedback besteht:

- *Beobachtung* – Jedes professionelle Feedback fußt zunächst auf einer möglichst präzisen Beschreibung eines konkreten Sachverhaltes. Etwa direkt im Anschluss an die Kundenpräsentation: »Mir ist aufgefallen, dass Kunde Krawitter in den ersten zwei bis drei

Minuten nicht ›im Film‹ war. Sein Gesichtsausdruck war fragend-irritiert, und er hat sich dann bei seiner Nachbarin erkundigt.«

- *Auswirkung* – Erläutern Sie im zweiten Schritt Ihrem Gesprächspartner, welche Auswirkungen Ihre Beobachtung nach Ihrer eigenen Einschätzung haben kann. »Krawitter ist der wichtigste Entscheider für unser Projekt. Wir wissen aus der zurückliegenden Zusammenarbeit, dass er dazu neigt, sehr schnell ›dichtzumachen‹. Das war heute auch so. Daher haben wir seine Unterstützung für einige unserer Vorschläge am Ende der Präsentation nicht bekommen.«
- *Übereinstimmung* – Im dritten Schritt geht es darum, auszuloten, ob und inwieweit die Gesprächspartner (beziehungsweise alle Teilnehmer bei einer größeren Feedbackrunde) in der Einschätzung der Folgewirkungen übereinstimmen. »Sehen Sie das auch so?« Oder besser offen: »Wie schätzen Sie das ein?« Bei signifikanten Unterschieden in der Wahrnehmung müssen Sie zurück zu Schritt eins.
- *Zukunft* – Schließlich braucht ein professionelles Feedback eine klare Verabredung für die Zukunft, die bindenden Charakter für die Beteiligten entfaltet. »Für die Zukunft schlage ich vor, dass wir zunächst kurz erläutern, wo wir mit dem Gesamtprojekt stehen, um das jeweilige Treffen einzuordnen. Zusätzlich werden wir uns mit den Besprechungsteilnehmern auf die Zielsetzung des jeweiligen Treffens verständigen. Wollen wir so verfahren?« »Prima, so machen wir das.«

Die nachstehende Abbildung fasst die Kernelemente eines guten, professionellen Feedbacks zusammen.

Abbildung 9: Unschlagbar: professionelles Feedback

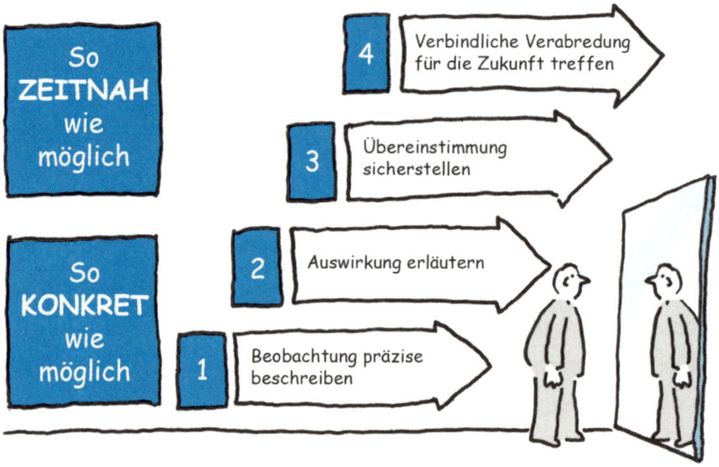

Wir können uns die viele heiße Luft, die zum Thema der sogenannten »lernenden Organisation« abgesondert wird, genauso sparen wie die horrenden Ausgaben für die dazugehörigen Schulungsprogramme, Organisationsentwicklungsmaßnahmen und IT-Plattformen. Was wir dagegen benötigen, ist eine hartnäckige Offensive für professionelles Feedback, die niemanden in der Organisation ausschließt. Dabei sollten wir davon ausgehen, dass mindestens drei von vier Führungskräften noch nie in ihrem Leben ein wirklich gutes Feedback gegeben haben. Sie finden das provokant? Nun, dann gehören alle unsere Leser durch einen nicht zu erklärenden Zufall zu den 25 Prozent, auf die die Aussage nicht zutrifft.

5 | Fazit

Menschen etwas zutrauen bedeutet, zu verstehen, dass Ihr Unternehmen beziehungsweise Ihr Verantwortungsbereich voller Persönlichkeiten ist, die aus eigenem, innerem Antrieb willens und in der Lage sind, einen Beitrag für die konstruktive Zusammenarbeit im Sinne des Unternehmenszwecks und -erfolgs zu leisten.

Wer diese Haltung teilt, wird leicht erkennen, wie absurd und schädlich weitverbreitete Managementpraktiken sind. Wir haben in diesem Zusammenhang herausgearbeitet, dass der Versuch, betriebliche Abläufe durch Zeiterfassung zu ordnen, leistungsbereite und -fähige Menschen mit Füßen tritt und sich in den kommenden Jahren selbst ad absurdum führen wird.
Besonders gefährlich sind die Giftspritzen der Belohnungsmaschinerie, die in Gestalt von Boni, Sonderzahlungen und vielen anderen Spielarten folgenschwere Konsequenzen mit sich bringen:

- Selbstoptimierungen verdrängen übergreifende Zusammenarbeit;
- Wege des geringsten Widerstands zerstören Neugier und Kreativität;
- Transaktionskosten explodieren;
- Fremdbestimmung ersetzt Eigenverantwortung.

Menschen etwas zutrauen bedeutet, auf die Belohnungsmaschinerie zu verzichten. Räumen Sie stattdessen jedem Einzelnen weitestgehende Handlungs- und Entscheidungsmöglichkeiten ein. Begnügen Sie sich dabei nicht mit ein bisschen Placebo hier und ein wenig inkrementeller Lockerung des Reglementierungsgestrüpps dort. Gehen Sie radikaler vor und drehen Sie die Frage um: Welches *Mindest*maß an Regelungen, mit denen maximal ausgestaltete Handlungs- und Entscheidungsfreiheiten begrenzt werden, benötigen wir? Setzen Sie diese Leitplanken so weit wie möglich.
Wer Stechuhren zur Zeiterfassung abschraubt (oder gar nicht erst montiert), auf die Giftspritzen der Belohnungsmaschinerie konsequent verzichtet und weitestgehende Handlungs- und Gestaltungsmöglichkeiten für den Einzelnen glaubhaft etabliert, hat gute Chancen, dass sich die Organisation zu einem lebendigen Organismus entwickelt.
Dabei haben die Führungskräfte des Unternehmens naturgemäß eine besondere Verantwortung dafür, eine lebendige, lernfähige, selbstbe-

wusste und vitale Organisation zu schaffen. Die sportliche Analogie zu dieser Aufgabe ist der Marathon, sicher nicht der 200-Meter-Sprint. Mit anderen Wort: Strohfeuer nützen niemandem etwas. Wir haben daher zwei praxiserprobte Instrumente vorgestellt, mit denen gute Führungspraxis nachweislich dauerhaft wachgehalten werden kann: der Führungsmonitor, angewendet einmal jährlich, sowie professionelles Feedback, angewendet einmal täglich.

Kapitel 6 | Verändern

1 | Warum drei von vier Veränderungsvorhaben scheitern

Zukünftig wird Veränderungsbereitschaft und -fähigkeit ein noch wichtigerer Wettbewerbsfaktor werden. Dabei ist das Umfeld unternehmerischen Wirkens an sich *nicht* komplexer und damit schwieriger geworden. Einzig die Abstände zwischen den Zyklen, in denen Veränderungen stattfinden, verkürzen sich exponentiell. Die Möglichkeiten der weltumspannenden Informations- und Kommunikationstechnologien, die tektonischen Verschiebungen in der internationalen Arbeitsteilung sowie die radikale Demokratisierung von Wissen sind nur einige der zentralen Beschleuniger dieser Veränderungszyklen. Im Sog dieser Trends sind unzählige Veränderungsvorhaben durch das unternehmerische Dorf getrieben worden: Kostensenkungsvorhaben, Reorganisationen, Käufe und Fusionen sowie nachgelagerte Integrationsprozesse, Innovationsoffensiven, Programme für kulturellen Wandel und vieles mehr. Kein Winkel des betrieblichen Raumes wurde ausgespart.
Die Erfahrungen der unzähligen Veränderungsprogramme der letzten Jahre haben naturgemäß ihren Niederschlag in der Managementdiskussion und -literatur gefunden. Dabei sind Vorschläge entwickelt und anschließend viele Male in ähnlicher oder gleicher Form wiederholt worden. In der Folge haben sich ganze Bibliotheken gefüllt mit mehr oder weniger gehaltvollen Aussagen zu Erfolgsfaktoren und Er-

fahrungen mit strategischen Veränderungsvorhaben. *Change Management* war und ist in aller Munde.
Dennoch zeigen diverse Untersuchungen einen ernüchternden Befund: Die meisten Veränderungsvorhaben erreichen nicht die damit verbundenen Zielsetzungen.
Im Kern:

Drei von vier Veränderungsvorhaben scheitern.

Warum ist das so trotz ausgiebiger wissenschaftlicher und praktischer Beschäftigung mit dem Thema? Wenn wir uns die Essenz dieser Auseinandersetzung ansehen, fällt auf, dass sie sich in eher »handwerklicher« Form mit Einzelaspekten des jeweiligen Veränderungsvorhabens befasst. Die Liste handwerklicher Optimierungsvorschläge ist lang. Hier die wichtigsten in summarischer Darstellung:

- Notwendigkeit zur Veränderung (*sense of urgency*) deutlich machen.
- Gemeinsames Verständnis zum Veränderungsvorhaben schaffen und die Managementteams darauf ausrichten (*alignment*).
- Zweck und Zielsetzungen definieren und klar kommunizieren.
- Verbindung des Veränderungsprogramms mit Unternehmensstrategie und anderen wichtigen Initiativen verdeutlichen.
- Business Case inklusive qualitativer Aspekte erarbeiten.
- Rollen und Verantwortlichkeiten klären.
- Toptalente mit hoher innerbetrieblicher Anerkennung das Veränderungsvorhaben führen lassen.
- Sponsoren und Multiplikatoren identifizieren und einbinden.
- Kontinuierliche Kommunikation nach innen über Fortschritte und Hindernisse sicherstellen.
- Entscheidungsprozesse und Konfliktlösungsmechanismen definieren.
- Schnelle erste Veränderungserfolge (*quick wins*) realisieren.

- Veränderungsprozess aktiv steuern und überwachen (Berichte, Trends, Sofortmaßnahmen).
- Neu gewonnene Erfahrung mit Veränderungsvorhaben innerhalb der Organisation teilen.
- Nachgelagerte Analyse über die Veränderungswirkungen durchführen.

Das klassische Change Management liefert eine Liste handwerklicher Optimierungen.

Sicherlich haben diese und andere geläufige Vorschläge zu einigen inkrementellen Verbesserungen geführt. Dennoch zeigt sich vielfach der oben beschriebene und durch unsere praktische Beobachtung bestätigte, ernüchternde Befund über das Scheitern vieler Veränderungsvorhaben.
Warum führen jahrzehntelange Erfahrungen mit Veränderungsvorhaben der unterschiedlichsten Art nicht zu besseren Ergebnissen? Die klassische Antwort lautet: Weil die oben genannten Punkte noch nicht konsequent genug umgesetzt werden. Sicherlich ist es so, dass schon die Anwendung der *Change-Management*-Instrumente in der Praxis verbesserungswürdig ist. Aufholbedarf gibt es insbesondere bei klarer, zeitnaher und kontinuierlicher Kommunikation nach innen (obwohl die Bedeutung dieses Punktes tausendfach hervorgehoben wurde) und im Teilen der jüngst gewonnenen Erfahrungen mit einem Veränderungsprozess innerhalb der Organisation (weil Egoismen und Inseldenken diesen so naheliegenden Schritt verhindern). Wir schätzen den Umsetzungsgrad der genannten Erfolgsfaktoren in der Praxis wie folgt ein.

Abbildung 10: Klassisches *Change Management*

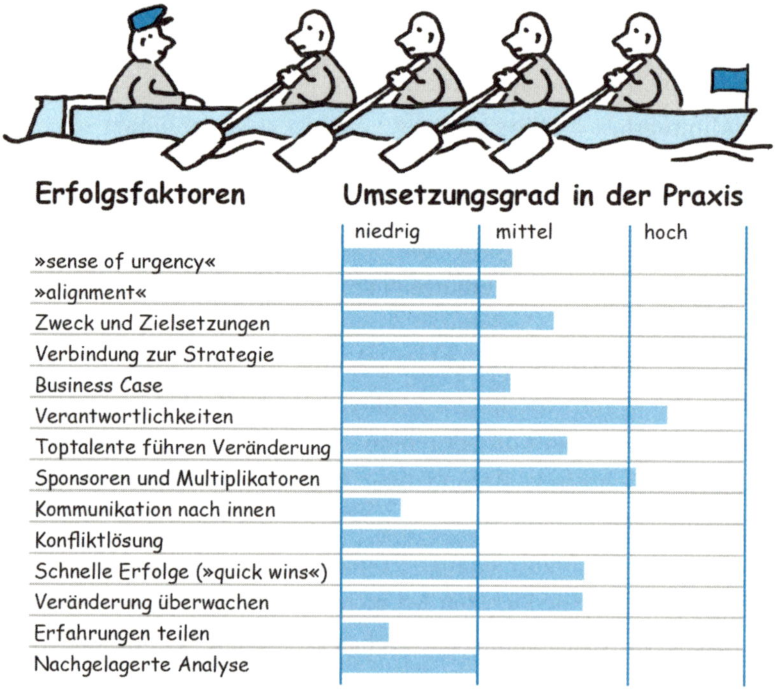

Ein durchwachsenes Bild. Allerdings auch nicht niederschmetternd. Die Quote erfolgreicher Veränderungsvorhaben müsste demnach deutlich höher ausfallen. Es muss also noch etwas anderes geben, das durch die Liste handwerklicher Einzeloptimierungen nicht erfasst ist. Es muss noch eine andere Antwort geben als: »*Wir müssen diese Einzelaspekte noch besser umsetzen.*«

Die Haltung entscheidet

Unsere Antwort befasst sich mit der grundlegenden Haltung, mit der wir den Menschen in unserer Organisation begegnen. Das gesamte *Change Management* klassischer Prägung ist durchsetzt von der Denkfigur, dass Mitarbeiter für die anstehende Veränderung »ins Boot ge-

holt«, »mitgenommen« oder »abgeholt« werden müssen. Es sind genau diese Floskeln, die – tausendfach wiederholt und nachgeplappert – entlarven. Wie häufig haben Sie diese Floskeln schon hören müssen oder sogar selbst verwendet? »Ins Boot holen« meint: »Kommt her, ihr Ahnungslosen. Wir sind die Kapitäne, deswegen haben wir auch das Boot. Wir wissen, wo es langgeht. Nur ein paar Idioten an den Rudern fehlen uns noch. Also rein ins Boot!« Oder das »Abholen«: Jemand steht irgendwo dumm rum – der Volksmund sagt: »Wie bestellt und nicht abgeholt.« Wir erbarmen uns, fahren einen Umweg und holen den Dummkopf ab, damit er wieder im großen Bus mitfährt.
Hier liegt der Kern unserer praktischen Erfahrung:

Das Change Management klassischer Prägung kann keine besseren Ergebnisse liefern, weil diejenigen, die ein Veränderungsvorhaben aktiv ausgestalten und voranbringen sollten, wie unmündige Idioten behandelt werden.

Insofern überrascht uns die Empirie zu gescheiterten Veränderungsvorhaben keineswegs. Im Gegenteil, es erscheint uns eher bemerkenswert, dass mit einer solchen Denkhaltung überhaupt Teilerfolge erzielt wurden und manche Veränderungsprozesse zumindest nicht vollständig in die Hose gegangen sind.
Die gute Nachricht ist: Es braucht keine zweite Bibliothek, um zu beschreiben, wie Veränderungsvorhaben erfolgreich gemeistert werden. Es braucht nur diese eine Zutat: die innere Haltung, die Menschen in ihrer Organisation zu *Mitautoren* der anstehenden Veränderung zu machen. Diejenigen Unternehmen werden Veränderungen am besten bewältigen, die von Führungskräften geleitet werden, die das Prinzip der Mitautorenschaft verinnerlicht haben und Veränderungsprozesse entsprechend gestalten. In der Regel wird sich niemand diese Grundüberzeugung antrainieren können. Auch gibt es sie in keinem noch so teuren Führungsseminar zu kaufen. Allerdings haben wir in Ausnahmefällen Führungskräfte erleben können, die zunächst keinerlei Zugang zum Prinzip der Mitautorenschaft hatten, sich dann aber in

einem schrittweisen Reflexionsprozess hierfür geöffnet haben und schließlich zu vehementen Verfechtern dieses Prinzips wurden.

Jedenfalls gilt:

An die Spitze einer Organisation und ihrer Verantwortungsbereiche gehören Menschen, die zutiefst davon überzeugt sind, dass Mitautorenschaft zum Gelingen von Veränderungen führt.

Diejenigen Unternehmen, die vollgespickt sind mit solchen Führungskräften, werden alle anderen mit ihrer *Anpassungsfähigkeit* schlagen. Sie sind die Gewinner von morgen und übermorgen.

2 | Mitautoren gewinnen

Sie halten Floskeln wie »Wir müssen die noch ins Boot holen« immer noch für sprachliche Feinheiten? Mitnichten! Was hier zum Ausdruck kommt, ist eine grundlegende Haltung gegenüber denjenigen, die jeden Tag viele Stunden im Unternehmen verbringen. Es ist eine Haltung der Arroganz. Sie blickt von oben auf Mitarbeiter herab und ignoriert deren Mitwirkungswillen, Ideenreichtum und praktische Problemlösungskompetenz. Es ist eine Haltung, die Mitarbeiter in der Tat wie Ressourcen oder Assets behandelt.

Wer andere »ins Boot holen« will, blickt mit einer Haltung der Arroganz auf sie herab.

Deswegen: Reflektieren Sie Ihre Haltung. Lassen Sie sich überraschen, wie viel Erfahrung, Wissen und Ideen in Ihrem eigenen Unternehmen stecken. Geben Sie dem Wissen Ihrer Mitarbeiter und Führungskräfte eine Plattform, auf der diese ihren Beitrag für die Entwicklung des Unternehmens liefern können. Lassen Sie sich darauf ein. Sie werden überrascht sein.

Was Mitautorenschaft bedeutet und wie Sie sie im Unternehmen verankern können, haben wir in Kapitel zwei am Beispiel des Strategieprozesses erläutert: Die mittel- bis langfristige Ausrichtung Ihres Unternehmens denken Sie sich nicht im stillen Kämmerlein aus, sondern Sie erarbeiten sie gemeinsam mit Ihren Führungskräften und – im besten Fall – mit ausgewählten Mitarbeitern. Erst in der gemeinsamen Erarbeitung in Workshops entwickeln Sie auch ein gemeinsames Verständnis für das »Warum« und das »Wohin« einer Veränderung – und gewinnen die wichtigsten Multiplikatoren der Veränderung im Unternehmen als deren überzeugte Anwälte.

Einwände

Für den Fall, dass sich dennoch Widerstand in Ihnen regen sollte – hier sind die top drei der am häufigsten geäußerten Bedenken im Überblick:

- *»Ich möchte aber keine Basisdemokratie.«* – Wir auch nicht. Darum geht es gar nicht. Basisdemokratie wäre ineffizient und untauglich. Aber es geht auch nicht um das Gegenteil dessen, denn es wäre ein sehr großer Zufall, wenn eine kleine Gruppe von Grauanzugträgern um die 50 sämtliche Ideen, die das Unternehmen weiterbringen, für sich gepachtet hätten. Wenn wir unsere Mitarbeiter nicht zu Mitautoren von Veränderungsprozessen machen, gehen die vielen unterschiedlichen und deswegen wertvollen Blickwinkel verloren, aus denen erst eine fruchtbare Diskussion entsteht, die zu ausgewogenen und ideenreichen Entscheidungen führt.

Daher gilt:

Wer seine Mitarbeiter zu Mitautoren anstehender Veränderungen macht, verbessert die Qualität seiner Entscheidungen.

- *»Das ist zu aufwendig.«* – Prüfen Sie diesen Gedanken: Was ist aufwendiger: Ihre Führungskräfte und Mitarbeiter von Anfang an zu Mitautoren zu machen, damit deren Know-how, praktische Problemlösungskompetenz und Ideen zu nutzen und die Weiterentwicklung des Unternehmens zu ihrer Sache zu machen, oder sie im Nachhinein »ins Boot zu holen«, in mühsamen Informationsveranstaltungen über die Notwendigkeit und Richtigkeit der getroffenen Entscheidungen und der damit einhergehenden Veränderungen zu überzeugen und gegen die mit diesem Vorgehen ausgelösten Widerstände zu kämpfen? Sie ahnen, wie unsere Antwort ausfällt.
- *»Das kann organisatorisch gar nicht gehen.«* – Wenn wir eines aus unserer praktischen Arbeit sagen können, dann dies: Es geht! Es ist immer wieder faszinierend zu sehen, was Workshops mit 20 bis 30 Führungskräften und Mitarbeitern in konzentrierten vier Stunden (ein Teil davon in Arbeitsgruppen, in denen erfahrene Moderation sicherstellt, dass tatsächlich jeder zu Wort kommt) Wertvolles hervorbringen. Bei zwei Workshops pro Tag kommen auf diese Weise innerhalb nur einer Woche 200 bis 300 Mitarbeiter zu Wort. Es ist machbar.
  Und in Konzernen mit 50 000 Mitarbeitern und mehr? Nun, irgendwann wird der Preis der Größe so hoch, dass realistischerweise nicht mehr jeder zu Wort kommen kann. Aber auch hier gilt: Wenn mehrere Hundert Menschen zu Wort kommen, kann dies selbst in Konzernen eine überraschende Kraft entfalten. Selbst wenn nur jeder fünfte davon in der Lage und bereit ist, die getroffenen Entscheidungen in den jeweiligen Abteilungen und Bereichen zu vertreten und zu begründen, kann dies selbst in einer Großorganisation die erforderliche Breitenwirkung auslösen. Alle Mitarbeiter des Unternehmens sollten zumindest auf firmeninternen Blogs oder Online-Plattformen zu Wort kommen können.
  Schließlich: Auf die Führungskräfte kommt es in besonderem Maße an. Je stärker sie das Prinzip der Mitautorenschaft verin-

nerlicht haben und es in ihren Abteilungen und Bereichen zum Leben erwecken, desto weniger spielt die Größe des Unternehmens eine Rolle.

Drei Reaktionen

Jedes bedeutende Veränderungsvorhaben – sei es ein Strategiewechsel, eine Fusion, die Internationalisierung des Geschäfts, eine organisatorische Umstrukturierung, ein Kulturwandel oder das Managen schnellen Wachstums – löst eine Reihe unterschiedlicher Reaktionen bei den Beteiligten aus. Auch wenn Sie noch so professionell vorgehen, wird es immer Skeptiker geben und auch aktive Verhinderer, die den neuen Weg unter keinen Umständen mitgehen wollen und dessen Umsetzung nach Kräften torpedieren.
Beobachten Sie genau. Für die meisten Veränderungsvorhaben werden Sie, bei aller Unterschiedlichkeit individueller Verhaltensweisen, drei Typen von Reaktionen feststellen können:

- *Erstens:* Es wird Mitarbeiter geben, die »Hurra« schreien und die lange auf die Veränderung gewartet haben; auf sie werden Sie besonders zählen können.
- *Zweitens:* Ein Teil der Mannschaft steht der Veränderung indifferent gegenüber. Sie werden diese Mitarbeiter für die Veränderung gewinnen können, nachdem Sie die Vorteile, deren zwingende Notwendigkeit und vor allem erläutert haben, was es für das Unternehmen und sie persönlich bedeuten würde, diesen Weg nicht mitzugehen. Schließlich werden Kollegen aus der erstgenannten Gruppe, die vorangehen und die Veränderung verantwortlich mitgestalten wollen, einen Sogeffekt auf die Zaudernden ausüben.

Wenn Sie Ihre Mitarbeiter und Führungskräfte zu *Mitautoren* der Weiterentwicklung des Unternehmens machen, können Sie darauf vertrauen, dass diese beiden Gruppen den Großteil Ihrer Mannschaft umfassen werden. Unsere zuversichtliche Einschätzung speist sich auch aus dieser Erkenntnis:

Es gibt keine bessere Quelle für belastbare Motivation, als eigene sichtbare Beiträge zu liefern.

- Gleichzeitig dürfen wir nicht die Augen davor verschließen, dass es *drittens* aktive Verweigerer geben wird. Seien Sie hier sehr achtsam. Schon ein kleiner Prozentsatz kann erheblichen Schaden anrichten. Für aktive Verweigerer und Gegner der Veränderung werden Sie zunächst eine andere Verwendung im Haus prüfen oder sich von ihnen konsequent trennen. Beachten Sie dazu unsere Ausführungen im vierten Abschnitt dieses Kapitels.

Kosten schlechter Führung reduzieren

Wer den Weg der Mitautorenschaft nicht einschlägt, wird zur traurigen Mehrheit derjenigen Unternehmen gehören, deren Mitarbeiter die Ausrichtung des Unternehmens nicht kennen. Hier nur zwei der zahlreichen Untersuchungen, die diesen Befund belegen: Nach einer Umfrage der Online-Jobbörse StepStone waren jeder dritten deutschen Fach- und Führungskraft (33 Prozent) die Ziele des eigenen Unternehmens für 2012 völlig unbekannt. Und 23 Prozent gaben an, nur eine ungefähre Ahnung von der langfristigen Ausrichtung des eigenen Unternehmens zu haben. Bei Mitarbeitern ist die Lage noch katastrophaler: Einer anderen Studie von Rochus Mummert zufolge kennen 65 Prozent aller Mitarbeiter in deutschen Unternehmen die langfristige Ausrichtung des Unternehmens nicht. Es wundert uns nicht, dass die jährlichen Kosten schlechter Führung in Deutschland konstant auf eine Größenordnung von 120 Milliarden Euro beziffert werden.
Falls Sie glauben sollten, das interessiere Ihre Leute nicht, halten wir mit aller Entschiedenheit dagegen. Es interessiert sie. Mehr noch: Sie

suchen diese Form der Orientierung geradezu; sie wollen wissen, wohin die Reise des Unternehmens geht. In besonderem Maße gilt das für die besonders Leistungsfähigen und -bereiten; sie lechzen danach.

Mitarbeiter nicht zu Mitautoren zu machen, bedeutet, wirtschaftliche Leistungskraft in ungeheurem Ausmaß zu vernichten.

Ruf nach mehr Kommunikation

Mitarbeiter zu Mitautoren zu machen, bringt einen weiteren, nicht zu unterschätzenden Vorteil mit sich. Welchem Leser kommt diese Situation nicht bekannt vor: Die Mitarbeiter rufen nach »mehr Informationen«. Die Führungskräfte fragen sich: »Nun kommuniziere ich schon den ganzen Tag! Wie oft und was soll ich noch kommunizieren?« Wer kennt nicht das Phänomen, dass nach einer Betriebsversammlung alle informiert nach Hause gehen, aber schon am nächsten Tag wieder neue Fragen und Interpretationen des zuvor Gehörten über die Flure funken. Spätestens am zweiten Tag hat die Unternehmensführung die Deutungshoheit über das Verkündete an den Flurfunk abgetreten.
Unsere feste Überzeugung dazu:

Der Ruf nach mehr Kommunikation ist Ausdruck mangelnder Orientierung im Unternehmen.

Kein Wunder, dass die oben genannten Befunde die blanke Desorientierung widerspiegeln. Den besten Weg, um dieses Kommunikationsdefizit zu beheben, haben wir beschrieben. Wenn Ihre Führungskräfte und ausgewählte Mitarbeiter die Ausrichtung des Unternehmens mitentwickelt haben, kennen sie sie genau. Wer Mitautor der Unternehmensentwicklung geworden ist, der – und nur der – wird die damit verbundenen Themenschwerpunkte und Aufgaben für die nächste überschaubare Zeit auch in seine Abteilung oder seinen Bereich hineintragen können – authentisch, gleichsam aus erster Hand, mit guten, nachvollziehbaren Begründungen. Das Kommunikationsdefizit erlischt, zumindest wird es spürbar geringer.

Mitautoren der Unternehmensentwicklung tun sich leicht, Orientierung für ihre Abteilungen und Bereiche zu schaffen.

3 | Veränderungswillen einstellen

Wir haben im Kapitel »Zusammenarbeiten« erläutert, dass es in der Praxis Ihrer Personalauswahl darauf ankommt, bestimmte Einstellungen einzustellen. Diesen Gedanken greifen wir hier wieder auf:

Stellen Sie Menschen ein, bei denen Sie von einem hohen Veränderungswillen ausgehen können.

Suchen Sie Menschen mit innerer Unabhängigkeit. Warum das in diesem Zusammenhang wichtig ist? Weil veränderungsfähige Organisationen Menschen zusammenbringen, die in der Lage sind, sich eine *eigene* Meinung zu bilden und diese auch zu vertreten – wenn es sein muss, auch gegen Widerstände (was nicht mit Sturheit verwechselt werden darf). Menschen, die nicht automatisch im allgemeinen Strom der herrschenden betrieblichen Meinung mitschwimmen. Mehr noch: Sie rütteln an den Paradigmen einer Organisation, die niemand mehr infrage stellt – all die lieb gewonnenen, »historisch gewachsenen« (Vorsicht, wenn Sie diesen Ausdruck hören!) Verhaltensweisen, Normen und Strukturen, die so fest in Beton gegossen zu sein scheinen, dass niemand mehr wagt, deren Richtigkeit und Wirksamkeit anzuzweifeln. Nur wer ein hohes Maß an innerer Unabhängigkeit besitzt, wird so *agieren können.*

Veränderungsvorhaben benötigen Menschen mit innerer Unabhängigkeit.

Wie aber kann ich einschätzen, ob jemand diese Unabhängigkeit besitzt? In der Tat kein triviales Unterfangen. Wieder geht es um die bereits erwähnten *critical incidents*, also diejenigen Einzelvorkommnisse, die einen Werdegang entscheidend geprägt haben. Indikationen für innere Unabhängigkeit können beispielsweise vorliegen, wenn Sie Menschen begegnen, die

- ungewöhnliche Schritte oder Veränderungen im Werdegang aufweisen (die teilweise immer noch als »Brüche« diffamiert werden);
- eigene Standpunkte formulieren und gegebenenfalls durchsetzen – auch gegen relevante Widerstände (zum Beispiel in Form gegenläufiger Meinungen von Vorgesetzten, der sogenannten »herrschenden« Meinung oder drohender persönlicher Nachteile);
- weitverbreitete und deswegen als »normal« wahrgenommene Verhaltensweisen und Praktiken hinterfragen (zum Beispiel wenn auf breiter Front faule Kredite ohne jede Bonitätsprüfung an zahlungsschwache Kunden vergeben werden, braucht es kein Einser-Diplom in Finanzwirtschaft, um diesen Wahnsinn zu entlarven, es braucht unabhängiges Urteilsvermögen);
- die Fähigkeit besitzen, sich mit wachem Verstand ein eigenes Urteil jenseits der Scheingenauigkeiten von Zahlenfriedhöfen zu bilden. Individuelles Urteilsvermögen ist selten geworden in Zeiten, die gemeinhin als unsicher empfunden werden und in denen sich der ohnehin in vielen Organisationen zu beobachtende Messdrang weiter verstärkt. Wir quantifizieren, wo es nur geht, packen mehr oder weniger aussagekräftige Zahlen in umfangreiche Excel-Tabellen, stellen nichtssagende Korrelationen her und wundern uns, dass diese Werke uns bei der Unternehmenssteuerung nicht weiterhelfen.

Und wie gewinnen Sie einen belastbaren Eindruck von Veränderungswillen und -fähigkeit Ihres Gegenübers? Gehen Sie hierfür den drei wichtigsten Zutaten auf den Grund:

- *Neugier* – Menschen mit starkem Veränderungswillen zeichnen sich oftmals durch eine von innen kommende, geradezu notorische Neugier aus. Finden Sie also heraus, inwieweit Ihr Gegenüber in seinem Werdegang aus eigenem Antrieb Neues angegangen und welche Ergebnisse er dabei erzielt hat. Entwickeln Sie ein Gefühl dafür, ob es sich hierbei um ein einmaliges Ereignis handelte oder ob Ihr Gesprächspartner grundsätzlich mit wachem Blick Entwicklungen rechts und links des Tagesgeschäfts wahrnimmt. Wie wissbegierig ist er? Wie weit ist der Wunsch, auszuprobieren und zu testen, trotz aller Alltagsroutinen, noch ausgeprägt? Wie stark ist das Verlangen, Erkenntnisse zu gewinnen, die stärker im Verborgenen liegen und nicht per Knopfdruck gegoogelt werden können?
- *Divergentes Denken* – Neben einer grundlegenden Neugier speist sich Veränderungswillen aus divergentem Denken. Damit ist die Fähigkeit gemeint, ungewöhnliche, nicht erwartete, überraschende, nicht lineare gedankliche Verknüpfungen herzustellen. Fragen Sie also nach Anregungen von außerhalb des Unternehmens, die Ihr Gesprächspartner in konkrete Veränderungen in seinem Arbeitsumfeld übersetzt hat. Öffnen Sie den Blickwinkel weitestmöglich: »Wenn Sie unser Unternehmen auf der ›grünen Wiese‹ neu aufstellen könnten, wie würden Sie es organisieren? Was würden Sie anders machen?« Auch ein Bezug zum Dynamogramm kann aufschlussreich sein: »Warum haben wir Ihrer Meinung nach das klassische Organigramm ersetzt durch unser Dynamogramm? Was könnten die wesentlichen Unterschiede zwischen beiden Konzepten sein?«
- *Hartnäckigkeit in der Umsetzung* – Die größte Neugier und das ausgeprägteste divergente Denken würden nur Strohfeuer sein, wenn nicht als dritte Zutat Hartnäckigkeit in der Umsetzung hinzukäme.

»Welche Veränderungen haben Sie auch gegen Widerstände beharrlich durchgesetzt? Welche Widerstände waren das und wie sind Sie damit umgegangen?« Fragen Sie sorgfältig nach. Es braucht viel Kontext, um die Gratwanderung zwischen Durchsetzungsstärke und Kompromissfähigkeit belastbar einschätzen zu können.

4 | Personelle Veränderungen

Zahlreiche Veränderungsvorhaben scheitern oder bringen nicht annähernd die gewünschten Ergebnisse, weil die damit verbundenen Personalentscheidungen nicht umgesetzt werden. Sie haben in buchstäblich jeder Organisation eine ganz besondere Sichtbarkeit. Wer sich vor Personalentscheidungen drückt, verbreitet mit mechanischer Sicherheit in der Mannschaft die Saat für eine Haltung, die durch Sätze wie »Ach, so schlimm wird es schon nicht werden. Die meinen es doch nicht so ernst« oder »Auch dieses Projekt wird an uns vorbeiziehen« ihren Ausdruck findet.
Lassen Sie das nicht zu.

Durch nichts wird Ihr Wille zur Veränderung so unzweifelhaft deutlich wie durch die konsequente Umsetzung notwendiger Personalentscheidungen.

Nutzen Sie daher Ihr Dynamogramm und spiegeln Sie darin die personellen Konsequenzen des anstehenden Veränderungsvorhabens:

- Ist die personelle Ausstattung der einzelnen Elemente des Dynamogramms in der Zukunft noch angemessen? Wo wird es Ausweitungen geben, wo Konzentrationen?
- Stirbt ein Element dieses lebendigen, flexibel atmenden Organismus ganz ab?
- Entsteht ein anderes ganz neu?
- Welche personellen Veränderungen leiten sich kurz- und mittelfristig daraus ab?

- Wie können wir die personelle Durchlässigkeit zwischen den Elementen des Dynamogramms weiter erhöhen?

Wir haben selbst in der Begleitung verschiedenster Veränderungsvorhaben erleben dürfen, welchen Unterschied die konsequente Umsetzung personeller Veränderungen macht. Ihre Mannschaft registriert sofort: »Dieses Mal ist es wirklich anders. Sie meinen es ernst.« Oftmals löst diese Konsequenz ein Aufatmen, manchmal einen regelrechten Befreiungsschlag aus – gerade bei den besonders leistungsbereiten und -fähigen Menschen in Ihrer Organisation.
Um nicht missverstanden zu werden: Personalentscheidungen sind mit besonderer Sorgfalt zu treffen. Nie überhastet oder aus einer aktuellen Konfliktsituation heraus; stets nach sorgfältiger Abwägung und Reflexion mit einer ausreichenden Anzahl Beteiligter. Für Trennungen, die wahrscheinlich schwierigste aller möglichen Personalentscheidungen, gilt dies selbstverständlich in besonderer Weise.

Trennungen

Prüfen Sie, ob jedes Element Ihrer Organisation mit allen seinen Bestandteilen so aufgestellt ist, dass es der Frage standhält: »Was ist mein Beitrag zur Wertschöpfung im Unternehmen?«
Ist dieser dauerhaft nicht erkennbar, müssen Sie handeln.
Daher:

Identifizieren Sie die betrieblichen Kuschelecken und muten Sie deren Bewohnern Konsequenzen zu.

Das klingt unsozial? Nein, im Gegenteil: Diese Leitlinie *nicht* konsequent umzusetzen, wäre unsozial – und zwar allen anderen gegenüber, die einen Beitrag leisten *wollen* und sich jeden Tag dafür einsetzen, eine fruchtbare Zusammenarbeit mit den Kunden Ihres Unternehmens zu etablieren und mit Leben zu füllen. Kein Kunde be-

zahlt Sie dafür, dass diejenigen, die dauerhaft keinerlei Beitrag mehr leisten, mit durchgeschleppt werden.
Wenn wir von »Konsequenzen zumuten« sprechen, denken wir dabei – zunächst – gar nicht an Entlassungen. Eine erste und wichtige Konsequenz besteht schon darin, solche Missstände überhaupt zu erkennen und anzusprechen. Leider ein seltenes Phänomen. Der nächste Schritt sollte darin bestehen, im Dialog mit der betreffenden Person auszuloten, welche anderen Einsatzmöglichkeiten es innerhalb der Organisation gibt. Hierfür im Rahmen der bestehenden Möglichkeiten zu sorgen, ist Kernaufgabe wirksamer Führung.
Wenn jedoch auch Veränderungen von Arbeitsumfeld und Aufgabenbereich keine Wirkung auf die Leistungsfähigkeit und -bereitschaft des Einzelnen entfalten, besteht die Konsequenz in der letzten Stufe darin, sich zu trennen. Damit sind wir an einem Punkt, der in unserer Beobachtung den meisten Führungskräften besonders schwerfällt:

Führung heißt auch, zu erkennen, wann Trennungen notwendig sind, und diese dann mit Augenmaß und Konsequenz umzusetzen.

PERSONALENTSCHEIDUNGEN

Der Inhaber im Vier-Augen-Gespräch: »Ich weiß, dass Produktionsleiter Mayer uns nicht weiterbringt. Seit Jahren beobachte ich, dass er viele Neuentwicklungen blockiert. Wenn unsere Marketingleute mit einer neuen Produktidee vom Kunden zurückkommen, erläutert er ihnen erst einmal, dass das technisch nicht umsetzbar ist. Und wenn überhaupt, dann sei eine neue Produktionsstrecke erforderlich, die mindestens sechs Millionen Euro kostet und für deren Entwicklung zwei Jahre erforderlich sind. Dann interessiert das Produkt im Markt aber keinen mehr. Ich habe schon zigmal versucht, ihm zu erklären, dass es so nicht weitergeht. Ich habe versucht, ihm nahzubringen, dass wir die Produkte nicht ausnahmslos selbst produzieren, sondern auch fremdbeziehen können. Er sagt immer wieder, er hätte das geprüft: Es sei zu teuer, und außerdem entspreche die Fremdproduktion nicht unseren Qualitätsansprüchen. Deswegen macht er weiter wie bisher. Er kann aus seiner Haut nicht heraus. Trotzdem: Er ist seit über 20 Jahren im Unternehmen, seine technische Kompetenz ist unersetzlich. Wir können auf ihn einfach nicht verzichten.«

Was also tun? Wir lassen ihn weitermachen wie bisher; wir lassen ihn in Ruhe, obwohl er nicht die Leistung bringt, die wir von ihm erwarten, und ärgern uns die nächsten zehn Jahre weiter. Dabei verlieren wir weiter Marktanteile und wertvolle Kundenkontakte, weil wir dringend erforderliche Neuprodukte nicht in den Markt bekommen, während die Konkurrenz uns rechts überholt. Zudem baut Mayer weiter ungestört seine Monopolstellung als oberster Hüter des technischen Know-hows des Unternehmens aus – und macht sich noch unverzichtbarer, als er das ohnedies schon ist. Wir finden uns also mit einer für das Unternehmen zutiefst schädlichen Situation ab.

Selbstverständlich kommt es auf das »Wie« der Trennung an. Ein professioneller Trennungsprozess will achtsam begleitet sein. Die notwendigen Instrumente stehen längst zur Verfügung und sind hinlänglich bekannt. Besonderen Stellenwert sollte eine begleitende Karriereberatung einnehmen, die neue Einsatzmöglichkeiten ausloten hilft. Übrigens werden Sie überraschend häufig bei Menschen, von denen Sie sich trennen, eine gewisse Erleichterung feststellen. Vielleicht nicht im ersten Moment und wohl auch nur bei denjenigen, die das 50. Lebensjahr noch aus dem Fernglas betrachten, aber dennoch: Allzu oft wird etwas ausgesprochen, was schon seit Langem in der Luft lag und manchmal mangels klarer Führung viele Jahre nicht offen von den jeweiligen Führungskräften ausgesprochen wurde.

Ausflüchte

Warum fallen uns Personalentscheidungen so schwer?

- »*Weil ich mir in meiner Einschätzung nicht sicher bin. Es könnte ja sein, dass ich Mayers Leistung für das Unternehmen falsch einschätze. Er ist ja sehr gut in seinem Fach. Und mittlerweile grüble ich schon so lange darüber, dass ich nicht mehr weiß, was ich glauben soll.*« – In der Tat bedürfen gerade Personalentscheidungen sorgfältiger Abwägung. Unterfüttern und konkretisieren Sie sie mit Beispielsituationen und konkreten Anhaltspunkten, die Ihnen und Mayer selbst verdeutlichen, warum Sie unzufrieden sind. Konfrontieren Sie ihn damit und treffen Sie klare Verabredungen für die Zukunft. Setzen Sie sich nach dem vereinbarten Zeitraum mit ihm zusammen und überprüfen Sie gemeinsam den Veränderungsfortschritt.
- »*Weil er und seine Kompetenz für das Unternehmen unverzichtbar sind.*« – Zunächst: Niemand ist unverzichtbar. Und das ist gut so. In Unternehmen geht es immer um ein Ganzes, das über den Einzelnen hinausgeht: das übergeordnete Unternehmensinteresse. Das gilt sogar für Eigentümer, die an die nächste Generation und damit an die langfristige Zukunft des Unternehmens denken müssen, weit über ihre eigene aktive Zeit hinaus. Der Inhaber aus unserem Beispielunternehmen hat ein hausgemachtes Problem. Hier hat sich jemand über 20 Jahre seine betriebliche Kuschelecke einrichten können, ohne dass er Widerstand von der Unternehmensführung erfahren hat. Mayer hat offensichtlich dafür sorgen können, dass nichts an ihm vorbeigeht und er keinen Nachfolger aufgebaut hat. Sein Wissen hat er systematisch gehortet und für sich behalten. Hier liegt ein massives Führungsdefizit vor, das sich die Geschäftsleitung ans Revers heften muss. Trotzdem und gerade deswegen eher heute als morgen: Trennen Sie sich in solchen Fällen. Fachkompetenz, auch wenn es schwerfällt, können Sie immer ersetzen, eine falsche Haltung nicht.

- *»Mayer ist schon so lange im Unternehmen. Das wird sehr teuer.«* – Stimmt. Wer diese Kosten zu verantworten hat, haben wir dargestellt. Trotzdem: Keine Abfindung kann höher sein als die Transaktionskosten, die entstehen, wenn Mayer weitermacht wie bisher. Der Schaden, den der Verlust an Marktdurchdringung durch seine Blockadehaltung erzeugt, wiegt um ein Vielfaches schwerer als jede Abfindung.
- *»Weil es mir ehrlich gesagt schwerfällt, Unangenehmes zu sagen und zu tun. Warum geht er nicht den Schritt und nimmt mir die Entscheidung ab?«* – Hier stellt sich die Frage, ob derjenige, der so etwas sagt, an der richtigen Stelle ist. Hinter dieser Aussage steckt ein Harmoniebedürfnis, das mit wirksamer Führung nicht vereinbar ist. Bei Führung geht es nicht um Harmonie, sondern darum, die im Sinne des Unternehmens richtigen Entscheidungen zu treffen. Und: Diese Haltung fügt dem Unternehmen Schaden in noch ganz anderen Dimensionen zu. Die Leistungsträger im Unternehmen sehen sich diese Art von Führung eine Zeit lang an. Dann gehen sie. Sie aber sind nicht so leicht zu ersetzen, zumal sich diese Zustände auch außerhalb des Unternehmens herumsprechen und das Unternehmen nachhaltig an Attraktivität für Leistungsträger einbüßen wird.

Die Unsicherheit vieler Führungskräfte gegenüber der Natürlichkeit von Trennungen ist bemerkenswert. Sie stellt eine der größten Hürden für notwendige Veränderungen dar.

Wohlgemerkt: Wir reden hier nicht einer Hire-and-Fire-Mentalität das Wort, wie sie bei fast jedem Vorstandswechsel eines Konzerns auf der Tagesordnung steht – um Macht zu demonstrieren, um alles ganz anders zu machen als der Vorgänger oder um alte Seilschaften zu kappen und neue einzuführen. Eine Leistungskultur bedeutet auch nicht, zu verlangen, dass jemand ständig und jeden Tag auf Hochtouren

läuft. Buchstäblich niemand erbringt ständig Spitzenleistungen. Diese Auffassung ist zwar immer noch recht weitverbreitet, allerdings Lichtjahre von jeder praktischen Vernunft und betrieblichen Realität entfernt und schlichtweg inhuman.
Dennoch: Entspricht die Leistung dauerhaft nicht den Anforderungen, müssen Sie handeln.

Was als Attacke auf die Sicherheit – genauer den Wunsch nach Sicherheit – missverstanden wird, ist einer der natürlichsten Vorgänge im lebenden Organismus.

Wie jeder Organismus lebt ein Unternehmen vom Werden und Vergehen. Das Dynamogramm bildet diese scheinbar so schwer zu verdauende Selbstverständlichkeit ab.
Niemand wird bestreiten, dass Unternehmen einer permanenten Veränderungsnotwendigkeit unterliegen. Wenn das so ist: Woher kommt dann die unausgesprochene, völlig unrealistische Annahme, dass konsequente Veränderungen ohne Trennungen erfolgen könnten? Trennungen sind in aller Regel ein schmerzlicher Prozess, der in manchen Fällen an die eigene Substanz gehen kann. Gute Führungskräfte verstecken sich nicht vor besonders schweren Personalentscheidungen, wenn die Leistungen den Anforderungen nicht mehr entsprechen. Sie wissen: Über jedem Einzelfall steht das Gesamtinteresse des Unternehmens.
Übrigens: In dem genannten Unternehmensbeispiel hat der Inhaber nach 22 Jahren den Schritt getan und sich von Mayer getrennt. Unmittelbar vor dem Trennungsgespräch war er in hohem Maße verunsichert. Nachdem er den Schritt jedoch getan hatte, wirkte er wie erleichtert von einer schweren Bürde. Es fiel ihm letztlich leicht, diesen Schritt, der im Unternehmen sehr aufmerksam verfolgt wurde, klar, mit wenigen Worten und ganz den wahren Motiven entsprechend zu begründen. Vor allem die Leistungsträger in diesem Unternehmen waren beeindruckt und fühlten sich darin bestärkt, bei

der Stange zu bleiben. Die Glaubwürdigkeit des Veränderungsprozesses, dem diese Personalentscheidung zuzuordnen war, gewann enorm.

5 | Das eingefahrene Denken und Handeln verändern: Innovationen ermöglichen

Wir schalten nunmehr in unserer Veränderungsagenda in den fünften Gang. Wir haben in den bisherigen Abschnitten erläutert, warum drei von vier Veränderungsvorhaben scheitern, wie wichtig es ist, aus Ihren Leuten Mitautoren der anstehenden Veränderung zu machen, wie Sie die Veränderungsfähigkeit Ihres Unternehmens durch die richtige Personalauswahl stärken und welche Bedeutung die konsequente Umsetzung personeller Veränderungen hat.
Darauf aufbauend geht es uns nun um die Frage, wie Sie eine Unternehmensumgebung schaffen, die fortlaufend Neues hervorbringt. Dabei geht es nicht nur um neue Produkte. Genauso wichtig ist es, die eingefahrenen Methoden der Kundenansprache und Marktbearbeitung, die Formen der Zusammenarbeit nach innen und mit Partnern oder die geschäftsbestimmenden Abläufe im Unternehmen zu hinterfragen.
Wie also entstehen Innovationen? Wie schaffen Sie eine Umgebung, die Innovationen geradezu provoziert?

Zum Kern vordringen

Fragen Sie sich zunächst, worauf es wirklich ankommt! Was ist der Kern einer neuen Lösung oder eines neuen Produkts? Durch welche einfache Botschaft überzeugt es den Kunden? Welches Bedürfnis löst es? Und machen wir diese Lösung – aus Kundensicht – so einfach wie möglich? Was für die Lösung und das Produkt gilt, gilt auch für deren Botschaft an den Kunden und die Sprache, mit der wir an dem Pro-

dukt arbeiten: einfach, klar, direkt, ohne Schnörkel, mit einem Standpunkt ohne Einschränkungen und Nebensätze.
Verwechseln Sie dabei Einfachheit nicht mit Oberflächlichkeit. Die meisten Innovationen verdanken ihren Markterfolg einer disziplinierten Auseinandersetzung mit der Frage: Worauf kommt es wirklich an? Dem Nachbohren hin zum Kern des Gegenstands. Räumen Sie also frei, zwingen Sie Ihre Mitarbeiter und Kollegen, sich immer wieder von den vermeintlichen Zwängen des Unternehmensalltags und bestehender Prozesse zu lösen.

Innovation entsteht durch Reduktion auf den Kern, durch Besinnung auf das Wesentliche.

Im krassen Gegensatz hierzu steht der Firmenalltag: Wir erleben viele Unternehmen, die durch verkomplizierende Prozesse, verschlungene Abstimmungszwänge und verquaste Sprache denk-, handlungs- und damit bewegungsunfähig geworden sind. Wie soll aus diesem Gestrüpp Innovation entstehen können?

Die Mischung macht's

Es ist erschreckend zu sehen, wie sehr wir es in unseren Unternehmen gewohnt sind, in Zuständigkeitsbereichen zu denken – und wie ungeübt, diese zu durchbrechen. In Veränderungsprozessen in Unternehmen haben wir unzählige Male die Erfahrung gemacht, dass der Schlüssel zu einer neuen Idee oder zur Problemlösung darin liegt, Menschen und Kompetenzen zusammenzubringen, die normalerweise nicht miteinander arbeiten und kommunizieren. Im Verlassen der Komfortzone allein liegt das Momentum, das Neues und Ungewohntes hervorbringen hilft. Anders herum: Sie können nicht erwarten, dass neue Ideen in Abteilungen entstehen, die so zusammengesetzt sind, wie sie immer zusammengesetzt sind. Das gilt auch, wie wir erläutert haben, für die Innovationsabteilung, die Innovationen hervorbringen soll.

Innovation entsteht durch die Reibung unterschiedlicher Ansätze, Erfahrungshintergründe und Betrachtungsweisen.

Das Dynamogramm beinhaltet keine »Innovationsabteilung«. Im Gegenteil: Es ist das Abbild einer hohen personellen Durchlässigkeit in den verschiedenen Bereichen der Organisation. Hier arbeiten ständig wechselnde Gruppen an der Lösung gemeinsamer Aufgaben. Leitfragen für die Zusammensetzung dieser Arbeitsgruppen sind nicht mehr: Wer ist zuständig? Wer hat das schon immer gut gemacht? Wer kann gut mit wem zusammenarbeiten? Sondern: Wie erzeugen wir die größte Reibung von Erfahrung und unverbrauchten Ideen? Wie schaffen wir ungewohnte Konstellationen? Wer sollte immer schon mal mit wem zusammenkommen? Wie gestalten wir Räume abseits der üblichen Berichtslinien, in denen die Teilnehmer unvoreingenommen denken und miteinander agieren können?

Zeit

Die Inhaber eines mittelständischen Pharmaunternehmens im Sechs-Augen-Gespräch: »Wir wundern uns, warum wir einfach keine innovativen Ideen mehr hervorbringen. Früher zeichnete uns gerade diese Innovationskraft aus.« Die Analyse gab eine klare Antwort: Durch das rasante Wachstum des Unternehmens waren alle Beteiligten überlastet mit der Bewältigung des standardmäßigen Tagesgeschäfts. Für innovative Ansätze fehlte schlichtweg die Zeit. Beileibe kein Einzelfall. Deshalb: Gewähren Sie Ihren Mitarbeitern Zeit für freies Denken – zehn Prozent der Arbeitszeit von Fachkräften für Projekte und Ideen, die nichts mit dem Tagesgeschäft zu tun haben, sind das Minimum.

Innovation braucht zeitliche Freiräume.

Rückmeldung

Eine weitere wichtige Zutat zu einer Umgebung, in der Innovation geradezu provoziert wird, besteht darin, dass die eigenen Mitarbeiter Rückmeldungen zu ihren Ideen erhalten. Eine Selbstverständlichkeit? Vielleicht. Aber doch selten in der Praxis.

Innovation entsteht, wenn die Ideengeber fortlaufend Rückmeldungen erhalten.

Auch und gerade dann, wenn die Idee *nicht* umgesetzt wird. Dann entsteht Begründungsbedarf: Warum haben wir uns dafür entschieden, diese Idee nicht umzusetzen? Eine offene und klare Antwort auf diese Frage zeigt dem Ideengeber: Meine Idee wird ernst genommen. Ich erfahre Wertschätzung dafür, dass ich mich eingebracht habe.

Austausch

Schließlich: Nur eine offene Unternehmenskultur kann fruchtbarer Boden für neue, innovative Ansätze sein. Sorgen Sie also dafür, dass Wissen generell nicht gebunkert, sondern geteilt wird. Fördern Sie diejenigen, die Wissen teilen, und muten Sie denjenigen, die Wissen und Erfahrungen für sich behalten, negative Konsequenzen zu. Dies *nicht* zu tun, ist die eigentliche Zumutung. Das Dynamogramm bildet genau diese Haltung ab: eine Haltung des Zusammenarbeiten-Wollens im Sinne des Ganzen. Abteilungsgrenzen und Bereichsegoismen sind anachronistischer denn je.
Ermuntern Sie alle Mitarbeiter, sich über geeignete Plattformen, beispielsweise ein Unternehmens-Wiki, über neue Ideen auszutauschen. Wenige einfache Regeln ordnen Ideen und Diskussionsbeiträge. Ein Verantwortlicher sorgt dafür, dass das Wiki immer aktuell und spannend bleibt.

Sodann: Überzeugen Sie Ihre wichtigsten Kunden, dass Innovationen Ihres Unternehmens zu beiderseitigem Vorteil in intensiven Workshops gemeinsam entwickelt werden. Der Kunde ist die wichtigste Quelle für Innovation. Diesen Schatz bergen Sie, indem Sie die Expertise Ihres Unternehmens mit der des Kunden zusammenbringen und gemeinsam arbeiten.
Schließlich: Denken Sie über die heutigen Kundenbedürfnisse hinaus. Wir haben aufgezeigt, dass manche Innovation nie entstanden wäre, wenn die Verantwortlichen »nur« ihre Kunden gefragt hätten.

6 | Die Spielregeln verändern: Branchenparadigmen brechen

Sechster Gang. Champions League. Die Königsdisziplin besteht darin, nicht nur das eigene Unternehmen ständig veränderungsbereit und -fähig zu halten, sondern die fest etablierten und scheinbar unerschütterlichen Spielregeln einer ganzen *Branche* auf den Kopf zu stellen.

In jeder Branche gibt es Spielregeln und Verfahrensweisen, die so selbstverständlich zu sein scheinen, dass niemand auf die Idee käme, sie zu hinterfragen.

Sie scheinen wie ewige Gesetze in Beton gegossen zu sein. Die Folge sind Konformität der Vorgehens- und Verhaltensweisen, Vergleichbarkeit der Leistungsangebote und sehr viel Benchmarking.
Wer sich aber von seinen Wettbewerbern dauerhaft abheben will, wer tatsächlich die Kunden in den Mittelpunkt seiner Überlegungen stellt und sie positiv überrascht, indem er ihnen etwas wirklich Einzigartiges bietet, der vergleicht sich – wie wir eingangs ausgeführt haben – gerade nicht mit den anderen der Branche und deren bestehenden Aktivitäten und Leistungsangeboten. Stattdessen stellt er die Paradigmen der Branche infrage; durchbricht eben jene Branchenregeln, die

als unantastbar gelten. Er hinterfragt konstruktiv genau jene Spielregeln, die wie in Stein gemeißelt zu sein scheinen und die niemand im Unternehmen (mehr) infrage stellt. Ist das anspruchsvoll? Unbedingt. Aber die Anstrengung lohnt sich, professionell durchgeführt, in jedem Fall.

Was tun?

Nicht in jedem Fall wird ein völlig andersartiges Geschäftsmodell das Ergebnis sein, nicht in jedem Fall wird eine Produktidee herauskommen, die die Welt noch nicht gesehen hat. Aber in der Regel entstehen äußerst wertvolle Diskussionen über die – sichtbaren und verdeckten – Mechanismen Ihrer jeweiligen Branche. Es sind Diskussionen, die in den meisten Führungskreisen selten oder gar nicht vorkommen, weil das sogenannte Tagesgeschäft alles zu dominieren scheint. Vor allem: Meistens ergeben sich neue, andersartige Ansatzpunkte der Marktbearbeitung, Kundenansprache und Zusammenarbeit nach innen. Entscheidend für den Erfolg: Natürlich nimmt mindestens einer Ihrer besten Kunden aktiv an der Diskussion teil, für die wir Ihnen folgende Fragestellungen anbieten:

- Worauf kommt es unserem Kunden und dessen Kunden im Kern an? Welchen Teil des Produkts oder der Dienstleistung der spezifischen Branche empfindet er als besonders wertvoll?
- Auf welchen Teil könnte er verzichten, da er ihn wie bisher als branchenspezifisch »gegeben« hingenommen hat?
- Was sind die drängendsten Herausforderungen, vor denen unser Kunde oder dessen Kunden in Zukunft stehen? Welche außerhalb der Branche stehenden Faktoren – übergeordnete, mit der Branche auch nur indirekt zusammenhängende Trends, allgemeine technische Entwicklungen – setzen das Geschäftsmodell unseres Kunden unter Druck und schreien nach einer Lösung?

Beispiele

Sehen wir uns auch hier zur Illustration drei Mut machende Unternehmensbeispiele an. Achten Sie bei den Beispielen darauf, wie sich die jeweiligen Paradigmenbrecher bewusst von bestehenden Praktiken gelöst und aufmerksam mit ihren Kunden beschäftigt haben und ihnen damit bisher unbekannten Nutzen stiften konnten.

Wer Branchenparadigmen brechen will, muss sich aus der Geiselhaft der axiomatischen Branchenüberzeugungen befreien und den Käfig des Dogmas verlassen.

Autovermietungen

Welches Unternehmen ist nach Ihrer Einschätzung das rentabelste der Branche? Vielleicht tippen Sie auf Sixt. Sicher, es ist das Unternehmen mit der auffälligsten und frechsten Werbung – das wirtschaftlich gesündeste ist jedoch ein anderes. Sehen wir uns zunächst das Kernparadigma dieser Branche an: Es ist die Grundannahme, dass Privat- und Geschäftsreisende an den Start- und Zielpunkten ihrer Reise einen Pkw abholen beziehungsweise abgeben können. Reisende sind *die* Zielgruppe, und die gesamte Geschäftstätigkeit der Autovermieter richtet sich danach aus: Die teuren Standorte befinden sich vorzugsweise an Flughäfen und Bahnhöfen. Mit kostspieligen Marketingmaßnahmen und Werbekampagnen wird um Aufmerksamkeit gerungen, die reisenden Kunden erhalten Hochstufungen in höhere Fahrzeugklassen, ohne dafür zu zahlen, regelmäßig werden Wochenendaktionen angeboten und sonstige Preisnachlässe gewährt. Insgesamt hat sich kein Unternehmen diesem Preiswettbewerb und dem daraus folgenden Margendruck entziehen können. Der Grund ist einfach: Keiner der Wettbewerber hat das grundlegende Paradigma der Branche – der Reisende ist der Kunde, und an jedem Start- und Zielpunkt der Reise gibt es eine Vermietungsstation – infrage gestellt und durchbrochen.

BRANCHENPARADIGMEN BRECHEN

Enterprise Rent-A-Car. Der amerikanische Autovermieter hat sich darauf spezialisiert, im privaten Bereich Pkw zur Verfügung zu stellen, die aus ganz unterschiedlichen Gründen für eine bestimmte Zeit benötigt werden: Weil das eigene Auto in die Werkstatt muss, weil sich Freunde oder Verwandte zu Besuch angesagt haben oder weil aus anderen Gründen ein zusätzliches Auto im Haushalt für eine bestimmte Zeit benötigt wird. Mit dem Reisenden als Zielkunden hat das nichts mehr zu tun. Das Unternehmen hat seine gesamte Wertschöpfungskette konsequent auf diese einzigartige Positionierung ausgerichtet. So sind im Fuhrpark zahlreiche ältere Fahrzeuge zu finden, die auch länger im Bestand bleiben als bei Wettbewerbern. Es werden gezielt gebrauchte Fahrzeuge und Auslaufmodelle angeschafft, was weitere Kostenvorteile mit sich bringt. Die Büros sind kostengünstig und liegen in der Regel in Wohngebieten, nahe beim Kunden. Selbstverständlich braucht der Kunde das Auto nicht abzuholen, es wird vor die Haustür geliefert. Das Unternehmen bietet Tarife, die in der Größenordnung von 30 Prozent unter den Flughafentarifen der Wettbewerber liegen.

Falls Sie glauben, diese Positionierung bringe Wachstumsgrenzen mit sich: Gegründet im Jahr 1957 unterhält Enterprise Rent-A-Car heute mehr als 6000 Vermietungsstationen in den USA, Kanada, England, Irland, Spanien, Frankreich und Deutschland. Es ist das rentabelste Unternehmen der Branche. Und nicht zufällig innovativer als andere Unternehmen in der gleichen Branche, beispielsweise im Aufbau von Carsharing-Angeboten.

Mode

Das Unternehmen Zara, zur spanischen Inditex-Gruppe gehörend, wächst mit zweistelligem Nettoergebnis weiter und genießt, bei 6000 Geschäften in 86 Märkten, in breiten Kundengruppen geradezu Kultstatus (»Endlich gibt es Zara auch in unserer Stadt!«).

BRANCHENPARADIGMEN BRECHEN

In der Modebranche besteht eine der »heiligen Kühe« darin, mit aufwendigen Marketingkampagnen die jeweiligen Marken zu stärken und dadurch die Marktanteile auszubauen. Dumm nur, dass alle Marktteilnehmer diesem Diktum folgen und sich gegenseitig mit immer höheren Marketingbudgets hochzuschaukeln scheinen. Nur Zara macht dieses einfallslose Einheitsvorgehen nicht mit. Das Unternehmen gibt keinen Euro dafür aus.

Stattdessen werden verschiedenste Kollektionen in geringer Stückzahl auf den Markt gebracht – ein Graus für jeden kostenorientierten Controller, der kleine Losgrößen scheut wie der Teufel das Weihwasser. Dann der entscheidende Erfolgsfaktor: Die Kunden werden während ihres *tatsächlichen* Kaufverhaltens sehr genau beobachtet. Live-Ergebnisse statt Marketingtheorie. Mithilfe eines IT-Systems, das mit den Einkaufskassen verbunden ist, und einer hervorragenden Logistik ist das Unternehmen in der Lage, sehr schnell auf das *tatsächliche* Kaufverhalten zu reagieren.

Hotels

Vielleicht kennen Sie die Low-Budget-Kette Motel One, die seit einigen Jahren mit einem klaren Konzept die Branche aufwirbelt und schon erste Nachahmer gefunden hat. Modernes Design und die Beschränkung auf das unbedingt Notwendige sind die Kernelemente dieser Erfolgsgeschichte. Das Branchenparadigma, mit dem Motel One gebrochen hat, lautet: Der Geschäftsreisende sucht ein Höchstmaß an Komfort und (mehr oder weniger) nutzbringenden Einrichtungen und Dienstleistungen: ein Portier, der die Koffer vom Taxi zur Rezeption bringt; ein weiterer Kofferträger, der das Gepäck von dort auf das Zimmer weiterbefördert und, dort angekommen, ungefragt die 38 unbedingt wissenswerten Informationen zu Zimmer, Hotel und Umgebung loswerden will; der (überteuerte) Friseur unten neben der Eingangshalle; die 14 Informationsflyer auf dem Beistelltisch, deren Aktualität mit jeder App, die wir auf dem Smartphone haben, natürlich nicht mithalten kann und die anachronistischer denn je wirken; die zwölf Kopfkissen auf dem Bett (wohin bloß mit den elf, die kein Mensch braucht?). Die Liste ließe sich leicht verlängern. Je mehr, desto besser – so das Paradigma.

BRANCHENPARADIGMEN BRECHEN

Die Motel-One-Gründer haben den Irrsinn erkannt, hiermit bewusst gebrochen und ein Hotelkonzept geschaffen, das sich darauf konzentriert, was wirklich wichtig ist: eine gute Matratze (mit *einem* Kissen), eine Dusche, ein WC. Dazu ein einfaches, klares Design und Fußböden, die keine Milbenzuchtstätten sind. Das ist alles. Schließlich sind auch die Abläufe wohltuend vereinfacht: Die Bezahlung erfolgt direkt bei der Ankunft, in einem Abwasch. Wie häufig haben wir uns in der Vergangenheit darüber geärgert, dass dies in den meisten Hotels nicht möglich ist (»Wir wissen ja nicht, was Sie aus der Minibar entnehmen und welchen Pay-TV-Sender Sie wählen«) und wir uns deswegen am nächsten Morgen in eine lange Schlange beim Auschecken einreihen mussten. Übrigens: Die Übernachtung im Motel One kostet, je nach Stadt, zwischen 49 und 69 Euro.

Beim Frühstück sitzen Geschäftsreisende neben Familien und Städtetouristen. Nur einen Nachteil hat das Ganze: Der Bruch mit dem

Branchenparadigma hat ein derart erfolgreiches Geschäftsmodell hervorgebracht, dass wir inzwischen mit erheblichem zeitlichem Vorlauf buchen müssen und bei kurzfristigen Anfragen die Häuser immer häufiger ausgebucht sind. Die Zahlen bestätigen unseren Eindruck. Die Belegungsquote, *der* entscheidende Erfolgsmaßstab der Branche, liegt für Motel One bei 73 Prozent (mit steigender Tendenz), während der Branchendurchschnitt in Deutschland bei gut 60 Prozent dümpelt.

7 | Fazit

Die Mehrheit der Veränderungsvorhaben, mit denen wir die Wettbewerbsfähigkeit unserer Unternehmen zu stärken versuchen, scheitert oder verfehlt die gewünschten Ergebnisse. Die Kernursache hierfür liegt darin, dass eine kleine Gruppe von Grauanzugträgern um die 50 das jeweilige Konzept – sei es eine strategische Neuausrichtung, die Integration eines gekauften Unternehmens, die Verankerung eines neuen Führungsverständnisses oder andere wichtige Veränderungsvorhaben – ausheckt und anschließend die Mitarbeiter »ins Boot holen« will.
Wählen Sie diese Haltung der Arroganz ab, die von oben auf diejenigen, die viel Zeit in Ihrem Unternehmen beziehungsweise Verantwortungsbereich verbringen, herabblickt und sie wie unmündige Idioten behandelt. Machen Sie Ihre Mitarbeiter zu Mitautoren des Veränderungsvorhabens.
Stellen Sie Menschen ein, die ein hohes Maß an Veränderungsbereitschaft in sich tragen, und trennen Sie sich mit Augenmaß, aber eben auch mit Konsequenz von denjenigen, die den neuen Weg nicht mitgehen können oder wollen.
Öffnen Sie sich für den Gedanken, dass Trennungen selbstverständliche Bestandteile von Veränderungen sind.
Sodann: Durchbrechen Sie das Denken in Zuständigkeitsbereichen, indem Sie fortlaufend Menschen zusammenbringen, die normalerweise nicht gemeinsam an einer Sache arbeiten. Räumen Sie Ihrer

Mannschaft Zeit ein, um Neues zu entwickeln und auszuprobieren. Zeigen Sie Wertschätzung dadurch, dass Sie Rückmeldungen hierzu geben, auch und gerade zu den verworfenen Ideen. Beziehen Sie ausgewählte Kunden ein. So schaffen Sie eine Umgebung, die neue, innovative Ansätze provoziert.

Schließlich: Analysieren Sie die Paradigmen Ihrer Branche. Welche Spielregeln und Grundannahmen sind so festgefahren, dass sie von niemandem mehr infrage gestellt werden? Hier schlummern Veränderungen der Art und Weise, mit der Sie heute Ihr Geschäft betreiben – und sich morgen womöglich von Ihren Wettbewerbern abheben.

Ausblick: Es ist machbar

Ein lebendiger, dynamischer Organismus. So haben wir in der Einleitung das Zielbild der Organisation eines Unternehmens beschrieben. Wir glauben, dass dieses Zielbild realisierbar ist – allen Unkenrufen über überbordende Komplexität, individuelle Überforderung, mangelnde Zeit, Unvorhersagbarkeit der Zukunft, Krisen und Unsicherheit zum Trotz. Denn: Es sind nicht übergeordnete Mächte und unkontrollierbare Gewalten, die unsere Organisationen in Gebilde verwandelt haben, die sich infolge von Parallelstrukturen, komplizierten Prozesssystemen, um ihrer selbst willen bestehenden Tools und Selbstoptimierungskräften vor allem mit sich selbst beschäftigen. Geschäftsführer, Vorstände, Eigentümer und Führungskräfte haben diesen unerträglichen Zustand mit ihren Entscheidungen herbeigeführt – und tun dies jeden Tag weiter. Die gute Nachricht: Dann können sie ihn auch ändern!

Die allgegenwärtigen Klagen über noch nie da gewesene Komplexität, Unsicherheit und Krisen sind im Kern Ausflüchte, um sich nicht dieser eigenen, individuellen Verantwortung stellen und konsequent notwendige Entscheidungen treffen zu müssen. Der Blick zurück hilft: Jede Generation vor uns stand vor schier unlösbaren Aufgaben. Es ist Ausdruck von Ignoranz und Überheblichkeit, zu behaupten, die Gegenwart sei einzigartiger in ihrer Komplexität als die Vergangenheit. Auch wenn wir durch die Digitalisierung aller Lebensbereiche in einer Zeit eines starken Veränderungsschubs leben: Wir haben erläutert, dass selbst die Zunahme an Geschwindigkeit in der zweiten Hälfte des 19. Jahrhunderts noch deutlich intensiver war.

Wir sagen nicht, dass der Weg zum Zielbild einer Organisation als dynamischer Organismus ein leichter Spaziergang ist. Genauso wenig sagen wir, dass es einfache Lösungen und eindeutige Antworten gibt. Im Gegenteil. Wir rufen auf zu größtem Misstrauen gegenüber Heilsbringern aller Art; Bullshit findet sich allerorten: in gängiger Managementliteratur, in Benchmarks, in Patentrezepten von Beratern. Die Unternehmenswirklichkeit ist nicht schwarz-weiß. Entscheidungen sind immer Abwägungen zwischen besser und schlechter, immer ein Ringen zwischen Risiko und Status quo, immer mit offenem Ausgang.

Wir rufen dazu auf, die richtigen Fragen zu stellen und mit gesundem Verstand und dem Blick für das Wesentliche eigenständig zu urteilen. Wir ermutigen dazu, einfache und dynamische Gerüste zur Hand zu nehmen, die bei Entscheidungen helfen, statt Entscheidungen an Systeme und Tools zu delegieren, die richtige Balance zu suchen aus dem Anpassen an sich laufend verändernde Rahmenbedingungen und Kurs halten.

Wir appellieren an Führungskräfte, sich auf das erfolgskritischste Thema in der Leitung von Organisationen zu konzentrieren: die sorgfältige Auswahl und tägliche Zusammenarbeit der Menschen, die den lebendigen Organismus letztlich ausmachen. Auch die Ewiggestrigen dürften mittlerweile ahnen, dass die als »weiche Faktoren« bezeichneten Fragen des Umgangs mit Menschen die relevanten harten Fakten für unternehmerischen Erfolg darstellen.

Wir erinnern daran, dass Neugier und Interesse an Menschen die wichtigste Voraussetzung für wirksames Führungshandeln ist. Wir wissen, dass dies eine Haltung erfordert, die nicht jedem in die Wiege gelegt ist. Jeder ist aber auch nicht Führungskraft, sei er oder sie noch so eine gute Fachkraft. Hier liegt allzu oft eine Verwechslung vor. Stimmt die Haltung, ist der Rest Konzentration und erlernbares Handwerk.

Wir sind überzeugt, dass Voraussetzung für gelingende Veränderung und laufende Erneuerung Mitautorenschaft ist; der Grundgedanke,

die Ideen des Einzelnen für die Veränderung zu bergen und ihn auf diese Weise mitverantwortlich für die Umsetzung der Veränderung zu machen. Ferner ein Führungsverständnis, das die Stärke des Einzelnen für das Ganze zu wecken und wachzuhalten sich zum täglichen Ziel setzt; Kollegen und Mitarbeitern täglich qualifiziertes Feedback gibt.
Wir plädieren für Konsequenz in Personalentscheidungen, denn wir wissen, dass es gerade hieran enorm mangelt. Trennungen sind unverzichtbare Bestandteile von Veränderung; es gibt ihn, den für beide Seiten gesunden Aufbruch auf getrennten Wegen. Es braucht nur den Mut zum ersten Schritt.
Wir rufen ins Gedächtnis, dass wirksame Führung Alltagsarbeit ist, jeden Tag Achtsamkeit und kritische Selbstreflexion beansprucht, Zeit in Anspruch nimmt und Sorgfalt und Konsequenz erfordert.
Veränderungen zum Gelingen bringen. Das ist nicht einfach, aber machbar – abseits vom Bullshit der neunmalklugen Ratschläge, von denen wir umzingelt sind. Mit klarem Blick für das, worauf es ankommt. Auf dem langen, zeitweise mühevollen, aber so unglaublich befriedigenden Weg täglicher Führungsarbeit.
Was für ein Glück!

Literaturverzeichnis

Argyris, Chris: *The Impact of Budgets on People.* New York 1952.

Bartsch, Silke; Specht, Nina: »Die Critical Incident Technique (CIT)«. In: Schwaiger, Manfred; Meyer, Anton (Hg.): *Theorien und Methoden der Betriebswirtschaft. Handbuch für Wissenschaftler und Studierende.* München 2009, S. 379–392.

Baumanns, Markus; Schumacher, Torsten: »Die neugierige Stiftung. Neue Wege für Stiftungen im Zeitalter des Web 2.0 und der netzwerkbasierten Organisationen«. In: Haas, Hanns-Stephan; Verstl, Jörg (Hg.): *Stiftungen bewegen. Ein Perspektivwechsel zur Gestaltung des Sozialen.* Stuttgart 2013, S. 117–140.

Baumanns, Markus et al.: *Jeder für sich und keiner fürs Ganze? Warum wir ein neues Führungsverständnis in Politik, Wirtschaft, Wissenschaft und Gesellschaft brauchen.* Berlin 2012.

Biedenkopf, Sebastian: *Gute Corporate Governance – Führung versus Formalismus.* Hamburg 2012.

Bloom, Nick; Bond, Stephen; Reenen, John van: »Uncertainty and Investment Dynamics«. In: *Review of Economic Studies* (2007), Nr. 2, S. 391–415.

Brafman, Ori; Beckström, Rod A.: *Der Seestern und die Spinne. Die beständige Stärke einer kopflosen Organisation.* Weinheim 2007.

Buchhorn, Eva; Kröher, Michael; Werle, Klaus: »Stilles Drama«. In: *manager magazin* (2012), Nr. 6, S. 105–107.

Bund, Kerstin: *Glück schlägt Geld. Generation Y: Was wir wirklich wollen.* Hamburg 2014.

Courtney, Hugh; Lovallo, Dan; Clarke, Carmina: »Deciding how to decide. A tool kit for executives making high-risk strategic bets«. In: *Harvard Business Review* (2013), Nr. 11, S. 62–70.

Dahlmann, Frank; Vicari, Jakob: »Begegnungen mit dem unbekannten Wesen. Ködern, drangsalieren, im Regen stehen lassen oder mitarbeiten lassen – es gibt verschiedene Arten, mit dem eigenen Kunden umzugehen«. In: *brand eins* (2014), Nr. 5, S. 62–66.

Dijksterhuis, Ap: *Das kluge Unbewusste.* Stuttgart 2010.

Dobelli, Rolf: *Die Kunst des klaren Denkens. 52 Denkfehler, die Sie besser anderen überlassen.* München 2011.

dpa/Zeit online: »Führungskräfte kennen Unternehmensziele nicht.« http://www.zeit.de/karriere/beruf/2012-02/umfrage-firmenziel-fuehrungskraefte (Stand: 22.04.2014)

Drucker, Peter: *Adventures of a bystander.* New York 1979.

Drucker, Peter: *The practice of management.* New York 1954.

Erbeldinger, Jürgen; Ramge, Thomas: *Durch die Decke denken. Design Thinking in der Praxis.* München 2013.

Förster, Anja; Kreuz, Peter: *Hört auf zu arbeiten! Eine Anstiftung, das zu tun, was wirklich zählt.* München 2013.

Förster, Anja; Kreuz, Peter: *Nur Tote bleiben liegen. Entfesseln Sie das lebendige Potenzial in Ihrem Unternehmen.* Frankfurt am Main 2010.

Gallup-Institut: *Engagement-Index Deutschland 2013.* Berlin 2014.

Gigerenzer, Gerd: *Bauchentscheidungen. Die Intelligenz des Unbewussten und die Macht der Intuition.* München 2007.

Graham, Carol: *The Pursuit of Happiness. Toward an Economy of Well-Being.* Washington 2011.

Hamel, Gary: *Das Ende des Managements. Unternehmensführung im 21. Jahrhundert.* Frankfurt am Main 2008.

Hamel, Gary: *Worauf es jetzt ankommt. Erfolgreich in Zeiten kompromisslosen Wandels, brutalen Wettbewerbs und unaufhaltsamer Innovation.* Weinheim 2012.

Hayek, Friedrich August von: *Die Anmaßung von Wissen.* Tübingen 1996.

Henkel, Hans-Olaf: *Die Ethik des Erfolges. Spielregeln für die globalisierte Gesellschaft.* Berlin 2004.

Hüther, Michael: »Praktische Vernunft statt Verschwörungstheorien!«. In: *Welt*, 6. März 2013. http://www.welt.de/debatte/kommentare/article114146435/Praktische-Vernunft-statt-Verschwoerungstheorien.html (Stand: 22.04.2014)

Jensen, Michael: »Corporate Budgeting is Broken – Let's Fix it«. In: *Harvard Business Review* (2001), Nr. 10, S. 94–101.

Jullien, François: »Nicht an den Setzlingen ziehen«. In: *Organisationsentwicklung* (2010), Nr. 1, S. 83–89.

Kahneman, Daniel: *Schnelles Denken, langsames Denken*. München 2012.

Kellerman, Barbara: *Followership. How Followers Are Creating Change and Changing Leaders*. Boston 2008.

Kelley, Tom: *Das IDEO Innovationsbuch. Wie Unternehmen auf neue Ideen kommen*. München 2002.

Köcher, Renate; Noelle-Neumann, Elisabeth: *Allensbacher Jahrbuch der Demoskopie* (1993–1997). München 1997.

Köcher, Renate; Noelle-Neumann, Elisabeth: *Allensbacher Jahrbuch der Demoskopie* (1998–2002). München 2002.

Kurz, Constanze; Rieger, Frank: *Arbeitsfrei. Eine Entdeckungsreise zu den Maschinen, die uns ersetzen*. München 2013.

Malik, Fredmund: *Führen, Leisten, Leben. Wirksames Management für eine neue Zeit*. Frankfurt am Main 2006.

Osterwalder, Alexander; Pigneur, Yves: *Business Model Generation. Ein Handbuch für Visionäre, Spielveränderer und Herausforderer*. Frankfurt am Main 2011.

Pelzmann, Linda: »Die Critical Incident Methode«. In: M.o.M. *Malik on Management letter* (2001), Nr. 1, S. 3–21.

Pfläging, Niels: *Führen mit flexiblen Zielen. Beyond Budgeting in der Praxis*. Frankfurt am Main 2006.

Raynor, Michael; Ahmed, Mumtaz: »Three rules for making a company truly great«. In: *Harvard Business Review* (2013), Nr. 4, S. 1–11.

Rochus Mummert: *Einfluss des HR-Managements auf den Unternehmenserfolg*. München 2013.

Schumacher, Torsten: *Wenn Du viel erreichen willst, tue wenig. Einfache Führung durch Klarheit, Freiheit und Konsequenz*. Weinheim 2009.

Schumacher, Torsten: *Leinen los. Aufbruch in ein neues Zeitalter der Mitarbeiterführung*. Weinheim 2009.

Shell Jugendstudie 2010. http://www.shell.de/aboutshell/our-commitment/shell-youth-study/2010.html (Stand: 22.04.2014)

Sobel, Dava: *Längengrad*. Berlin 2005.

Sprenger, Reinhard: *Vertrauen führt. Worauf es im Unternehmen wirklich ankommt*. Frankfurt am Main 2002.

Sprenger, Reinhard: *Mythos Motivation. Wege aus einer Sackgasse*. Frankfurt am Main 2004.

Sprenger, Reinhard: *Radikal führen*. Frankfurt am Main 2012.

Sprenger, Reinhard: »Leadershit. Gut managen – und was wir damit anrichten«. In: *Kursbuch* (2012), Nr. 172, S. 26–40.

Srinivasan, Ashwin; Kurey, Bryan: »Creating a Culture of Quality«. In: *Harvard Business Review* (2014), Nr. 4, S. 23–25.

Steingart, Gabor: *Unser Wohlstand und seine Feinde*. München 2013.

Stockport, Gary: »Semco: cultural transformation and strategic leadership«. In: *International Journal of Technology Marketing* (2010), Nr. 1, S. 67–78.

Taylor, Frederick Winslow: *The Principles of Scientific Management*. New York 1911.

Tetlock, Philip: *Expert Political Judgment. How Good Is It? How Can We Know?* New Jersey 2006.

Traufetter, Gerald: *Intuition. Die Weisheit der Gefühle*. Reinbek 2007.

Zuboff, Shoshana: »Die dritte Phase des Kapitalismus«. Interview geführt von Steffan Heuer. In: *brand eins* (2013), Nr. 5, S. 49–53.

Danksagung

Wir beschäftigen uns seit 25 Jahren mit der Frage, wie Veränderungen gelingen und was gute Unternehmensführung ausmacht – mit jeweils eigener Führungserfahrung, aus zwei gänzlich unterschiedlichen Perspektiven und mit der gleichen Überzeugung.
Wir haben das große Glück, Eigentümer, Vorstände und Geschäftsführer, Führungskräfte und Mitarbeiter unterschiedlichster Organisationen in großen Veränderungsprozessen als *companions* begleiten zu dürfen. Dabei hören und fühlen wir, was in Unternehmen in dieser Zeit geschieht, spiegeln diese Erfahrungen laufend kritisch mit unseren eigenen Führungserfahrungen und reflektieren permanent untereinander und mit unseren Kollegen.
Dieses Buch wäre ohne diesen intensiven Austausch mit unserer Umgebung nicht entstanden. Wir danken den Führungskräften, mit denen wir arbeiten, für deren großes Vertrauen und dafür, dass sie ihre Entscheidungen, Fragen und Gedanken mit uns teilen. Wir danken unseren Kollegen, besonders Sebastian Litta und Claudia Weiss, für viele Anregungen und die erfüllende gemeinsame Arbeit. Wir danken Jasmin Schiener und Lisa Petersen für deren tatkräftige Unterstützung bei unzähligen Recherchen, Andrea und Munira für die Geduld mit uns. Schließlich danken wir Peter Felixberger und Sven Murmann für das sprachliche und intellektuelle Vergnügen bei Fertigstellung und Veröffentlichung des Buchs.